应用型系列教材

电镀基础与实验

郭　琳　主编

张秀莲　欧阳兴旺　副主编

中国纺织出版社有限公司

内 容 简 介

本书包括两部分内容，一是电镀基础知识，重点论述了电镀的基本概念和原理，对一些工业上常用的金属和非金属电镀过程的工艺条件、原理、影响因素等分别进行叙述；二是电镀实验，包括基础实验、综合实验及综合设计实验等23个实验，从实验的目的、原理、内容、数据处理等方面进行介绍。

本书内容丰富，理论与实践相结合，实用性强，可作为高等院校化学、应用化学、材料化学等专业的本科生、研究生教学用书，也可供从事电化学、电镀科研和生产的有关技术人员参考。

图书在版编目（CIP）数据

电镀基础与实验 / 郭琳主编. -- 北京：中国纺织
出版社有限公司，2020.10
应用型系列教材
ISBN 978-7-5180-7972-8

Ⅰ. ①电… Ⅱ. ①郭… Ⅲ. ①电镀–高等学校–教材
Ⅳ. ① TQ153

中国版本图书馆 CIP 数据核字（2020）第 196585 号

责任编辑：范雨昕　　责任校对：寇晨晨　　责任印制：何　建

中国纺织出版社有限公司出版发行
地址：北京市朝阳区百子湾东里A407号楼　邮政编码：100124
销售电话：010—67004422　传真：010—87155801
http://www.c-textilep.com
中国纺织出版社天猫旗舰店
官方微博 http://weibo.com/2119887771
三河市宏盛印务有限公司印刷　各地新华书店经销
2020年10月第1版第1次印刷
开本：787×1092　1/16　印张：10
字数：220千字　定价：88.00元

凡购本书，如有缺页、倒页、脱页，由本社图书营销中心调换

　　电镀在我们生产和生活中的应用十分广泛，其应用已涉及机械、轻工、仪器仪表、电子、交通运输、航空、造船、化工、冶金、国防等国民经济的各个领域，随着经济和科学技术的发展，对这一技术的要求也越来越高，为了更好地培养人才，适应社会对该专业人才的需要，编写这本《电镀基础与实验》教材十分必要。

　　编者结合多年来的教学、科研及生产实践经验，并查阅了大量的参考文献资料，借鉴了国内外电镀工艺的新观念、新技术、新经验，编写完成此书。书中对电镀的基本概念、原理及工业上常用的电镀工艺技术进行了详细的介绍，并设计了 23个电镀工艺实验，既有概念与原理等理论知识，又有实验操作及工艺，理论与实践相结合，既可以提高学生理论水平，又可以培养学生的实验操作技能及动手能力，对学生在今后电镀工艺的学习以及电镀行业的工作中都会有很大的帮助。

　　第一章由郭琳编写，第二章共23个实验，其中实验1~4及实验12、实验15、实验17、实验19由王璟瑜编写；实验5~11、实验13、实验14及实验16、实验18，由程红红编写；实验20、实验21由欧阳兴旺编写；实验22、实验23由张秀莲编写。

　　由于编者水平有限，书中错误和疏漏在所难免，恳请有关专家和广大读者批评指正。

作　者

2020年3月

目录

第一章　电镀基础

第一节　绪论

电镀就是利用电解原理在某金属表面镀上一薄层其他金属或合金的过程，是利用电解作用使金属或其他材料镀件的表面附着一层金属膜的工艺，能够起到防止腐蚀，提高耐磨性、导电性、反光性及增进美观等作用。

电镀的基体材料除铁基的铸铁、钢和不锈钢外，还有非金属材料，如（ABS）塑料、聚丙烯、聚砜和酚醛塑料、陶瓷和木头等。

金属镀层的应用已遍及经济活动的各个生产和研究部门，例如机器制造、电子、仪器仪表、能源、化工、轻工、交通运输、兵器、航空、航天、原子能等，在生产实践中有着重大意义。

电镀的目的有如下几点：

（1）提高金属制品的耐腐蚀能力，赋予制品表面装饰性外观；

（2）赋予制品表面某种特殊功能；

（3）提供新型材料，以满足当前科技与生产发展的需要。

一、电镀工业的发展概况

最早公布的电镀文献是1800年由意大利Brug-natelli教授提出的镀银工艺，1805年他又提出了镀金工艺；到1840年，英国Elkington提出了氰化镀银的第一个专利，并用于工业生产，这是电镀工业的开始，他提出的镀银电解液一直沿用至今；同年，Jacobi获得了从酸性溶液中电镀铜的第一个专利。1843年，酸性硫酸铜镀铜用于工业生产，同年R.Bottger提出了镀镍工艺。1915年，实现了在钢带表面酸性硫酸盐镀锌，1917年Proctor提出了氰化物镀锌。

1923~1924年，C.G.Fink和C.H.Eldridge提出了镀铬的工业方法，从而使电镀逐步发展成为完整的电化学工程体系。电镀合金开始于19世纪40年代的铜锌合金（黄铜）和贵金属合金电镀。由于合金镀层具有比单金属镀层更优越的性能，人们对合金电沉积的研究也越来越重视，已由最初的获得装饰性为目的合金镀层发展到装饰性、防护性及功能性相结合的新合金镀层的研究上。到目前为止，电沉积能得到的合金镀层大约有250多种，但用于生产上的仅有30余种。其代表性的镀层有：Cu—Zn、Cu—Sn、Ni—Co、Pb—Sn、Sn—Ni、Cd—Ti、Zn—Ni、Zn—Sn、Ni—Fe、Au—Co、Au—Ni、Pb—Sn—Cu、Pb—In等。

我国电镀工业的发展是在中华人民共和国成立以后。首先，为解决氰化物污染问题，从20世纪70年代开始无氰电镀的研究工作，陆续使无氰镀锌、镀铜、镀镉、镀金等投入生产；大型制件镀硬铬、低浓度铬酸镀铬、低铬酸钝化、无氰镀银及防银变色、三价铬盐镀铬等相继应用于工业生产；并实现了直接从镀液中获得光亮镀层，如镀光亮铜、光亮镍等，不仅提高了产品质量，也改善了繁重的抛光劳动；在新工艺与设备的研究方面，出现了双极性电镀、换向电镀、脉冲电镀等；高耐蚀性的双层镍、三层镍、镍铁合金和减磨镀层也用于生产；刷镀、真空镀和离子镀也取得了可喜的成果。

改革开放之后，我国的电镀工业得到了突飞猛进的发展。尤其是在锌基合金电镀、复合镀、化学镀镍磷合金、电子电镀、纳米电镀、各种花色电镀、多功能性电镀及各种代氰、代铬工艺的开发取得重大进展。

二、几种典型的电镀过程

目前工业上常用的比较典型的电镀过程有：单金属电镀、合金电镀、复合电镀和熔盐电镀。

1. 单金属电镀

单一金属离子的电沉积；单金属电镀同样受电镀液组成、电流密度、温度、pH等的影响。常用的单金属镀有锌、铜、镍、锡、铬、金、银等。

2. 合金电镀

两种或两种以上的金属离子同时析出；通过调节电镀液组成、电镀条件等使不同金属在电极上具有相近的析出电势，这样才能实现合金电镀。

3. 复合电镀

复合电镀是在电镀或化学镀的镀液中加入一种或多种非溶性的固体微粒，使其与主体金属（或合金）共沉积在基体上的镀覆工艺，得到的镀层称为复合镀层。影响复合镀层质量的主要因素有：镀液的组成、电流密度及固体粒子的大小和浓度等。

复合电镀中的固体微粒主要有以下三类：

（1）提高镀层耐磨性的高硬度、高熔点、耐腐蚀的微粒，如SiC。

（2）提供自润滑特性的固体润滑剂微粒，如MoS_2。

（3）提供具有电接触功能的微粒，如WC、La_2O_3。

4. 熔盐电镀

熔盐电镀是指在熔盐介质中进行的一种电镀方式。工业上常见的熔盐电镀就是铝的电解合成。熔盐电镀具有以下优点：

（1）熔盐电解液分解电压高，稳定性好，电镀过程副反应少，电流效率高。

（2）阴极还原超电势低，交换电流密度大，电沉积速度快，能在复杂镀件上得到较为均匀的镀层。

（3）熔盐可溶解金属表面氧化物，并能使沉积金属扩散进入金属基体，镀层与基底结合力强，同时镀层有较好的抗腐蚀性能。

三、镀层的分类及其应用

1. 按镀层的用途分类

根据用途不同镀层可分为防护性镀层、防护—装饰性镀层、功能性镀层。

（1）防护性镀层：此类镀层主要用于金属零件的防腐蚀。镀锌层、镀镉层、镀锡层以及锌基合金（Zn—Fe、Zn—Co、Zn—Ni）镀层均属于此类镀层。黑色金属零件在一般大气条件下常用镀锌层来保护，在海洋性气候条件下常用镀镉层来保护；当要求镀层薄而抗蚀能力强时，可用锡镉合金来代替镉镀层；铜合金制造的航海仪器，可使用银镉合金作防护；对于接触有机酸的黑色金属零件，如食品容器，则用镀锡层来保护，它不仅防蚀能力强，而且腐蚀产物对人体无害。

（2）防护—装饰性镀层：对很多金属零件，既要求防腐蚀，又要求具有经久不变的外观，这就要求施加防护—装饰性镀层。这种镀层常采用多层电镀，即首先在基体上镀"底"层，而后再镀"表"层，有时还要镀"中间"层。例如，通常的Cu—Ni—Cr多层电镀等就是典型的防护—装饰性镀层，常用于自行车、缝纫机、小轿车的外露部件等。目前正流行的花色电镀、黑色电镀及仿金镀层也属于此类镀层。

（3）功能性镀层：为满足光、电、磁、热、耐磨性等特殊物理性能的需要而沉积的镀层称为功能性镀层，目前品种较多。

耐磨镀层是给零件镀一层高硬度的金属以增强其抗磨耗能力。如镀硬铬，硬度可达到$1000\sim1200HV$，用于直轴或曲轴的轴颈、压印辊面、冲压模具的内腔、枪和炮管的内腔等。对一些仪器的插拔件，既要求具有高的导电能力，又要求耐磨损，常要求镀硬银、硬金、铑等。减摩镀层多用于滑动接触面，可起润滑作用，减少滑动摩擦系数；延长零件的使用寿命。作为减摩镀层的金属有锡、铅锡合金、铅铟合金、铅锡铜及铅锑锡三元合金等。

用于改善机械零件等的表面物理性能，常要对其进行热处理。但对一个部件而言，只需局部改变原来的性能，需在热处理之前，先把不需要改变性能的部位保护起来。如工业生产中为了防止局部渗碳要镀铜，防止局部渗氮要镀锡，这是利用碳或氮在这些金属中难以扩散的特性来实现的。

除上述镀层外，随着科技的发展，电镀或电沉积还可用于制备纳米材料、高性能材料薄膜，如超导氧化物薄膜、电致变色氧化物薄膜、金属化合物半导体薄膜、形状记忆合金薄膜、梯度材料薄膜等。电镀在功能材料领域的用途非常广泛。

2. 按照基体金属与镀层的电化学关系分类

按照基体金属与镀层的电化学关系不同，镀层可分为阳极镀层和阴极镀层两大类。

阳极镀层就是当镀层与基体金属构成腐蚀微电池时，镀层为阳极，首先溶解，这种镀层不仅能对基体起到机械保护作用，还可以起到电化学保护作用。

阴极镀层是镀层与基体构成腐蚀微电池时，镀层为阴极，这种镀层只能对基体金属起到机械保护作用。

第二节 电镀基础知识

一、金属电沉积和电镀原理

金属电沉积过程是指简单金属离子或络离子通过电化学方法在固体（导体或半导体）表面上放电还原为金属原子附着于电极表面，从而获得金属层的过程。

电镀是金属电沉积过程的一种，它是通过改变固体表面特性从而改善外观，提高耐蚀性、抗磨性，增强硬度，提供金属特殊的光、电、磁、热等表面性质的金属电沉积过程。

1. 简单金属离子的还原

$$M^{2+}+2e^- \longrightarrow M（s）$$

从动力学上，简单金属离子的还原过程包括以下步骤：

（1）水化金属离子由本体溶液向电极表面的液相传质。

（2）电极表面溶液层中金属离子水化数降低、水化层发生重排，使离子进一步靠近电极表面，过程表示为：

$$M^{2+} \cdot mH_2O - nH_2O \longrightarrow M^{2+} \cdot （m-n）H_2O$$

（3）部分失水的离子直接吸附于电极表面的活化部位，并借助于电极实现电荷转移，形成吸附于电极表面的水化原子，过程表示为：

$$M^{2+} \cdot （m-n）H_2O + e \longrightarrow M^+ \cdot （m-n）H_2O（吸附离子）$$

$$M^+ \cdot （m-n）H_2O + e \longrightarrow M \cdot （m-n）H_2O（吸附原子）$$

（4）吸附于电极表面的水化原子失去剩余水化层，成为金属原子进入晶格。

过程可表示为：

$$M \cdot （m-n）H_2O（ad） - （m-n）H_2O \longrightarrow M晶格$$

2. 金属络离子的还原

络离子的阴极还原，一般认为有以下几种观点：

（1）络离子可以在电极上直接放电，一般放电的络离子的配位数都比溶液中的主要存在形式低。其原因可能是：具有较高配位数的络离子比较稳定，放电时需要较高活化能，而且它常带较多负电荷，受到阴极电场的排斥力较大，不利于直接放电。同时，在同一络合体系中，放电的络离子可能随配体浓度的变化而改变。

（2）有的络合体系，其放电物种的配体与主要络合配体不同。

（3）$pK_{不稳}$的数值与超电势无直接联系，一般$K_{不稳}$较小的络离子还原时，呈现较大的阴极极化。

3. 金属共沉积原理

要使两种金属实现在阴极上共沉积，就必须使它们有相近的析出电势，即：

$$\Phi_{1析出} \approx \Phi_{2析出} \qquad \Phi_{1, eq} - \eta_{1, c} = \Phi_{2, eq} - \eta_{2, c}$$

$$\Phi_{1, eq}^{\ominus} + \frac{RT}{z_1 F}\ln c_1 - \eta_{1, c} = \Phi_{2, eq}^{\ominus} + \frac{RT}{z_2 F}\ln c_2 - \eta_{2, c}$$

依据金属共沉积的基本条件，只要选择适当的金属离子浓度、电极材料（决定着超电势的大小）和标准电极电势就可使两种离子同时析出。

（1）当两种离子的$\Phi^{\ominus}$相差较小时，可采用调节离子浓度的方法实现共沉积。

（2）当两种离子的$\Phi^{\ominus}$相差不大（<0.2V）时，且两者极化曲线（$E—i$或$\eta—i$曲线）斜率又不同的情况下，则可通过调节电流密度使其增大到某一数值，此时，两种离子的析出电势相同，也可以实现共沉积。

（3）当两种离子的$\Phi^{\ominus}$相差很大时，可通过加入络合剂以改变平衡电极电势，实现共沉积。

（4）添加剂的加入可能引起某种离子阴极还原时极化超电势较大，而对另一种离子的还原则无影响，这时也可实现金属的共沉积。

二、法拉第定律在电镀中的应用

1. 计算通入的电量

如果在电解池中发生如下反应：

$$M^{2+}+ze \longrightarrow M（s）$$

根据法拉第定律可以得到电解池中通入的电量为：

$$Q=nzF$$

式中：Q——通过电极的电量；

$\qquad$ n——阴极沉积出的物质的量。

例如：酸性镀铜时，Cu^{2+}被还原为Cu，氰化镀铜中Cu^{+}被还原为Cu，当两种镀液通过相同的电量时，氰化镀铜的镀层质量比酸性镀铜多一倍，因而为获得同样厚度的镀层，氰化镀铜所需时间只有酸性镀铜的一半。

2. 计算电流效率

在电镀过程中，电极上往往发生不止一个反应，与主反应同时进行的还有副反应。消耗于所需沉积金属的电量占通过总电量的百分数称为电流效率。

$$电流效率=\frac{按Faraday定律计算所需理论电荷量}{实际所消耗的电荷量}\times100\%$$

或

$$电流效率=\frac{电极上产物的实际质量}{按Faraday定律计算应获得的产物质量}\times100\%$$

电流效率是评定镀液性能的一项重要指标。电流效率高可加快镀层沉积速率，减少电耗。电流效率与镀种、工艺规范等有关。如酸性镀铜、酸性镀锌的电流效率几乎接近100%，氰化镀铜与氰化镀锌的电流效率为60%~70%；镀铬的电流效率最低，为13%~25%。

一般来说，由于存在副反应，阴极的电流效率往往小于100%；而阳极电流效率有时小于100%，有时大于100%，因为阳极金属除发生电化学溶解外还进行化学溶解。

3. 电镀镀层厚度的计算

阴极上沉积金属的平均厚度：

$$\delta = \frac{i_k \eta_k t E}{\rho}$$

式中：δ——镀层的厚度，μm；

i_k——阴极电流密度，A/dm^2；

η_k——阴极电流效率；

t——电镀时间，min；

E——析出金属的电化当量，$g/(A \cdot h)$；

ρ——析出金属的密度，g/cm^3。

三、电镀工艺条件及要求

1. 电镀装置（图1-1）

（1）阴极：被镀物，指各种接插件端子。

（2）阳极：若是可溶性阳极，则为欲镀金属。若是不可溶性阳极，大部分为贵金属（白金、氧化铱）或者石墨等。

（3）电镀液：含有欲镀金属离子以及各种添加剂的电镀液。

（4）电镀槽：可承受、储存电镀液的槽体，一般考虑强度、耐蚀、耐温等因素。

（5）整流器：提供直流电源的设备。

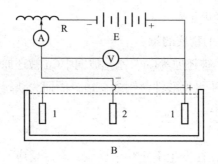

图1-1　电镀装置

A—直流电流表　B—电镀槽　V—直流电压表
E—直流电源　R—可变电阻　1—阳极　2—阴极

2. 镀层的主要性能

评价镀层的重要指标是平整程度和光洁度，另外还有其他一些性能指标：

（1）镀层与基底金属的结合强度：指金属镀层从单位表面积基底金属（或中间镀层）上剥离所需要的力。

（2）镀层的硬度：镀层对外力所引起的局部表面形变的抵抗程度。

（3）内应力：张应力和压应力，沉积层的体积倾向于收缩时表现出张应力；沉积层的体积倾向于膨胀时表现出压应力。当镀层的压应力大于镀层与基底之间的结合力时，镀层将起泡或脱皮；当镀层的张应力大于镀层的抗拉强度时，镀层将产生裂纹从而降低其抗腐蚀性。

（4）耐磨性：耐磨性是指材料抵抗机械磨损的能力。

（5）脆性：镀层受到压力至发生破裂之前的塑性变形的量度。

3. 影响镀层质量的因素

（1）镀液的性能。

①沉积金属离子阴极还原极化较大，以获得晶粒度小、致密，有良好附着力的镀层。

②稳定且导电性好。

③金属电沉积的速度较大，装载容量也较大。

④成本低，毒性小。

（2）电镀溶液的组成及其作用。电镀溶液的组成对电镀层的结构有着很重要的影响。一般电镀溶液由主盐、导电盐（又称为支持电解质）、络合剂和其他添加剂等组成。

①主盐：根据主盐性质的不同，可将电镀溶液分为简单盐电镀溶液和络合物电镀溶液两大类。

主盐浓度高，镀层较粗糙，但允许的电流密度大；主盐浓度低，允许通过的电流密度小，沉积速度慢。在单盐电解液中，镀层的结晶较为粗糙，允许的电流密度大。加入络合剂的复盐电解液使金属离子的阴极还原极化得到了提高，有利于得到细致、紧密、质量好的镀层。

Zn、Cu、Cd、Ag、Au等的电镀，常见的络合剂是氰化物，因氰化物有毒，无氰电镀已成为今后发展的方向。Ni、Co、Fe等金属的电镀因这些元素的水合离子电沉积时极化较大，因而可不必添加络合剂。电镀液溶剂必须具有下列性质：

a.电解质在其中是可溶的；

b.具有较高的介电常数，使溶解的电解质完全或大部分电离成离子，电镀中用的溶剂有水、有机溶剂和熔盐体系等。

②导电盐：是能提高溶液的电导率，而对放电金属离子不起络合作用的物质。这类物质包括酸、碱和盐，由于它们的主要作用是用来提高溶液的导电性，习惯上通称为导电盐。如酸性镀铜溶液中的H_2SO_4，氯化物镀锌溶液中的KCl、NaCl及氰化物镀铜溶液中的NaOH和Na_2CO_3等。

导电盐的含量升高，槽电压下降，镀液的深镀能力得到改善，在多数情况下，镀液的分散能力也有所提高。导电盐的含量受到溶解度的限制，而且大量导电盐的存在还会降低其他盐类的溶解度。对于含有较多表面活性剂的溶液，过多的导电盐会降低它们的溶解度，使溶液在较低的温度下发生乳浊现象，严重的会影响镀液的性能。所以导电盐的含量也应适当。

③络合剂：在溶液中能与金属离子生成络合离子的物质称为络合剂。如氰化物镀液中的NaCN或KCN，焦磷酸盐镀液中的$K_4P_2O_7$或$Na_4P_2O_7$等。

在络合物镀液中，最具重要意义的，并不是络合剂的绝对含量，而是络合剂与主盐的相对含量，通常用络合剂的游离量来表示，即除络合金属离子以外多余的络合剂。络合剂的游离量增加，阴极极化增大，可使镀层结晶更细致，镀液的分散能力和覆盖能力都得到改善，但是，阴极电流效率下降，沉积速度减慢。

当络合剂的游离量过高时，大量析氢会造成镀层有针孔，低电流密度区没有镀层，还会造成基体金属的氢脆。对于阳极来说，它将降低阳极极化，有利于阳极的正常溶解。络合剂的游离量低，镀层结晶变粗，镀液的分散能力和覆盖能力都较差。

④其他添加剂。

a.缓冲剂是用来稳定溶液的pH，特别是阴极表面附近的pH。缓冲剂一般是用弱酸或弱酸的酸式盐，如镀镍溶液中的H_3BO_3和焦磷酸盐镀液中的Na_2HPO_4等可起到稳定溶液pH的作用。

b.稳定剂用来防止镀液中主盐水解或金属离子的氧化，保持溶液的清澈稳定。如酸性镀锡和镀铜溶液中的硫酸，酸性镀锡溶液中的抗氧化剂等。

c.阳极活化剂在电镀过程中能够消除或降低阳极极化的物质，它可以促进阳极正常溶解，提高阳极电流密度。如镀镍溶液中的氯化物，氰化镀铜溶液中的酒石酸盐等。

根据需要镀液中还添加有光亮剂、整平剂、润湿剂、应力消除剂、镀层细化剂、抑雾剂、无机添加剂等。

四、电镀工艺因素对镀层影响

1. 电流密度的影响

电流密度大，镀同样厚度的镀层所需时间短，可提高生产效率；电流密度大，形成的晶核数增加，镀层结晶细而紧密，可增加镀层的硬度、内应力和脆性，电流密度太大会出现枝状晶体和针孔等。对于电镀过程，电流密度存在一个最适宜范围。

2. 电流波形的影响

电镀生产中常用的电源有整流器和直流发电机，根据交流电源的相数以及整流电路的不同可获得各种不同的电流波形。例如单相半波、单相全波、三相半波和三相全波等，如图1-2所示。实践证明，电流的波形对镀层的结晶组织、光亮度、镀液的分散能力和覆盖能力、合金成分、添加剂的消耗等方面都有影响，故对电流波形的选择应予以重视。目前除采用一般的直流电外，根据实际的需要还可采用周期换向电流及脉冲电流。

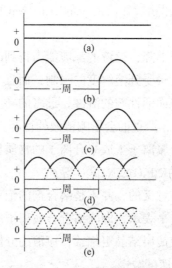

图1-2　几种常用的电流波形

A—稳压直流　b—单相半波　c—单相全波　d—三相半波　e—三相全波

实践表明，镀铬时只有使用稳压直流或三相全波电流才能得到光亮的镀铬层，而采用单相半波或全波电流时，所得到的镀铬层呈灰黑色。但在焦磷酸盐镀铜或铜锡合金时，使用单相半波或全波电流时，却可提高镀层的光泽和允许使用较高的电流密度。

3. 电解液温度的影响

提高镀液温度有利于生成较大的晶粒，镀层的硬度、内应力和脆性以及抗拉强度降低；温度提高，能提高阴极和阳极电流效率，消除阳极钝化，增加盐的溶解度和溶液导电能力，会降低浓差极化和电化学极化；温度太高，结晶生长的速度超过了形成结晶活性的生长点，因而导致形成粗晶和孔隙较多的镀层。

4. 搅拌的影响

搅拌能够加速溶液的对流，使扩散层减薄，使阴极附近被消耗了的金属离子得以及时补充，从而降低了浓度极化。在其他条件不变的情况下，搅拌会使镀层结晶变粗。但是，搅拌可以提高允许电流密度的上限，可以在较高的电流密度和较高的电流效率下，得到致密的镀层。生产中常采用搅拌来提高电流密度，以提高沉积速度。

5. 阳极

在电镀过程中，电解液中的金属离子，由于在阴极上的还原，而不断被消耗。一般情况下，是靠金属阳极的溶解来补充这种消耗以维持电解液组成的稳定。当采用不溶性阳极时，镀液中被消耗的金属离子是靠定期添加试剂来补充的。

按照一般规律，当阳极极化越大，金属阳极溶解的速度也越大，但有时会出现反常现象，即随着阳极极化的增大，金属的溶解速度不但不增加，反而急剧下降，甚至几乎为零，这种由于阳极极化增大使电极表面性质发生变化而引起的现象称为金属的阳极钝化，是与金属阳极极溶解相反的现象。

镍阳极的阳极氧化曲线如图1-3所示。阳极氧化一般经历活化区（即金属溶解）、钝化区（表面生成钝化膜）和过钝化区（表面产生高价金属离子或析出氧气）。

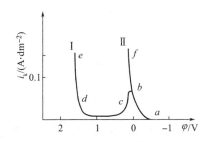

图1-3 镀镍溶液中镍阳极的极化曲线

溶液组成：$NiSO_4 \cdot 7H_2O$ 175g/L，$Na_2SO_4 \cdot 10H_2O$ 120g/L，H_3BO_3 20g/L，pH=5.5，温度30℃

电镀中阳极的选择应是与阴极沉积物种相同，镀液中的电解质应选择不使阳极发生钝化的物质，电镀过程中可调节电流密度保持阳极在活化区域。如果某些阳极（如Cr）能发生剧烈钝化则可用，惰性阳极代替。

6. 电镀生产工艺

电镀生产主要工艺流程：镀前处理、电镀、镀后处理。

电镀生产的基本工序：

（磨光→抛光）→上挂→脱脂除油→水洗→（电解抛光或化学抛光）→酸洗活化→（预镀）→电镀→水洗→（后处理）→水洗→干燥→下挂→检验包装

（1）镀前处理：镀前处理一般包括机械加工、酸洗、除油等步骤。

机械加工是指用机械的方法，除去镀件表面的毛刺、氧化物层和其他机械杂质，使镀件表面光洁平整，这样可使镀层与基体结合良好，防止毛刺的发生。酸洗是为了除去镀件表面氧化层或其他腐蚀物。除油是清除基体表面的油脂。

（2）电镀：镀件经镀前处理，即可进入电镀工序。在进行电镀时还必须注意电镀液的配方，电流密度的选择以及温度、pH等的调节。

（3）镀后处理：镀件经电镀后表面常吸附着镀液，若不经处理可能腐蚀镀层。水洗和烘干是最简单的镀后处理。

第三节　电镀前处理

一、概述

金属镀件在进入镀液以前的一切加工处理和清理工序总称为镀前处理（或预处理），作为金属镀层，无论其使用目的和使用场合如何，都应该满足以下要求：镀层致密无孔，厚度均匀一致，镀层与基体结合牢固。要做到这一点，除了镀液组成及工艺条件外，被镀零件的表面状态也是一个关键因素。

金属制品镀前预处理工艺：

1. 机械处理

机械处理主要是用于对粗糙表面进行机械整平，清除表面一些明显的缺陷，包括磨光、机械抛光、滚光、喷砂等。

2. 化学处理

化学处理包括除油与浸蚀，是在适当的溶液中，利用零件表面与溶液接触时所发生的各种化学反应，除去零件表面的油污、锈及氧化皮。

3. 电化学处理

电化学处理采用通电的方法强化化学除油和浸蚀过程，处理速度快，效果好。

4. 超声波处理

超声波处理是在超声波场作用下进行的除油或清洗过程。主要用于形状复杂或对表面处理要求极高的零件。

二、粗糙表面的整平

1. 磨光

磨光是对金属表面进行整平处理的机械加工过程，用以除去制品表面上的毛刺、沙眼、焊疤、划痕、腐蚀斑、氧化皮以及各种宏观缺陷，提高表面的平整度。磨光是在粘有磨料的磨轮上进行的。

磨光适用于一切金属材料，其磨削效果取决于磨料的特性、磨轮的刚性和转速。使用时应根据被加工工件材料的性质、尺寸、形状及对磨光后表面平整度的要求，正确地选用磨轮的刚性、圆周速度和磨轮的种类。

磨通常采用皮革、棉布、毛毡等缝制而成的弹性轮，其中布质轮因其具有弹性好、适应性强的特点使用最为广泛。

对于硬度高而形状简单的工件，应选用较硬的磨轮，转速也要高一些；而对于硬度较低、形状较复杂的制品，则应选用较软的弹性大的磨轮，转速也要低一些。磨轮的转速应控制在一定范围内。

磨光用的磨料有人造金刚砂（碳化硅）、人造刚玉、天然金刚砂、石英砂、硅藻土等，其中人造刚玉的韧性好，脆性较小，粒子的棱面较多，在生产中应用较广泛。

电镀中选用的磨料及粒度，取决于被加工工件的材料、表面状况及对加工后表面的质量要求。

2. 机械抛光

机械抛光的目的是为了削除金属制品表面的细微不平，使表面具有镜面般的光泽。机械抛光可以用于工件镀前的表面准备，在磨光的基础上进一步加工，也可用于镀后的精加工，以提高镀层表面的光泽度。

机械抛光是在涂有抛光膏（皂）的抛光轮上进行的。抛光轮是用弹性好的各种棉布、细毛毡或特种纸制成，比磨轮软。机械抛光与磨光有着本质的不同。在抛光时没有明显的金属屑被切下来，因此也没有显著的金属损耗。

机械抛光是一个占用劳动力多、能源及材料消耗量大的工序。因此，电镀前预处理的机械抛光已逐渐被化学抛光或电化学抛光取代。

3. 化学抛光和电化学抛光

化学抛光是金属制品表面在特定条件下化学浸蚀的过程。金属表面上微观凸起处在特定溶液中的溶解速度比微观凹下处的快，结果逐渐被整平而获得平滑、光亮的表面。

（1）过氧化氢类化学抛光液：常与草酸、硫酸合用，对软的低碳钢进行化学抛光；可与醋酸合用，对铅金属进行化学抛光。

（2）磷酸类化学抛光液：由磷酸、硝酸以及适量的醋酸组成。常用于铜及其合金制品的化学抛光。

电化学抛光或简称电抛光，是对金属表面进行精加工的一种电化学方法，将金属制件置于一定组成的电解液中进行特殊的阳极处理，以降低制件表面微观上的粗糙度，从而获得平滑光亮表面的加工过程。它既可用于金属制件镀前的表面处理，也可用于镀后镀层的精加工，还可作为金属表面的一种加工方法。

4. 滚光

滚光是将被处理的小零件与磨料、水和化学促进剂一起放入专用的滚筒中，借助滚筒的旋转使零件与磨料、零件与零件相互摩擦，以达到除油、除锈、去毛刺，使锐角和棱边倒圆，降低表面粗糙度的目的。

滚光特别适用于大批量生产的小零件，具有省工省时、质量稳定、成本较低等特点，但滚光时间较长。滚筒的形状、尺寸、转速及滚筒中磨料、溶液的性质、金属零件的种类、形状以及处理时间等，对滚光效果都有很大影响。

滚筒的装载量一般控制在占滚筒体积的60%，在30%~75%。滚筒的旋转速度一般控制在20~45r/min。滚光常用的磨料有钉子尖、石英砂、陶瓷片、浮石、皮革碎块等。

5. 其他抛光方法

（1）振动光饰：是在滚筒滚光的基础上发展起来的一种光饰方法。处理时将零件和磨料放入装在弹簧上的筒形或碗形的开口容器内，通过振动电动机或用50~60Hz频率工作的电磁系统，使容器产生上下左右的振动，使零件与磨料相互摩擦，从而达到光饰处理的目的。

振动光饰的效率比滚光高得多，可加工比较大的零件，而且在加工过程中可对零件表面质量进行检查，因此，获得日益广泛的使用。但振动光饰不适于加工精密和脆性大的零件，也不能获得粗糙度很低的表面。

（2）刷光：是在装有刷光轮的刷光机上对制品表面进行加工的过程。刷光轮是用具有弹性的细钢丝、黄铜丝、鬃丝或人造纤维制成。工作时利用弹性金属丝端面侧锋的切刮能力，除去金属表面的锈、痕迹、污垢或毛刺等；也可用于对零件表面进行装饰性底层的加工，如丝纹刷光、缎面修饰等。刷光可以湿刷也可以干刷。

（3）喷砂：是用净化的压缩空气，将砂流通过喷嘴高速喷向金属制品表面，借助砂流对表面的强力冲击作用，将工件表面的熔渣、毛刺、氧化皮及其他污物除去，使表面呈均匀粗糙状态，以提高电镀层、油漆层或其他涂层与基体的结合力，还可用作对金属表面的消光处理。喷砂分干喷和湿喷两种。喷砂所用的砂料有氧化铝砂、石英砂、人造金刚砂等，国内应用最多的是石英砂。

三、除油

为了保证电镀层与基体的牢固结合或其他化学处理的质量，在电镀或其他化学处理之前必须将零件表面上的各种油污清除干净。

黏附在制品表面的油污，按其化学性质可分为两大类：一类是皂化油，包括动物油和植物油，这些油能与碱发生皂化反应，生成能溶于水的肥皂，故称皂化油；另一类是非皂化油，如凡士林、石蜡、各种润滑油等矿物油，它们与碱不发生皂化反应。根据油的性质和在零件表面油污的程度，有针对性地选择除油方法。常用的除油方法有有机溶剂除油、化学除油、电化学除油或以上几种方法联合使用。

1. 有机溶剂除油

有机溶剂除油是利用有机溶剂能够溶解各种油脂（皂化油及非皂化油）的特性来除去零件表面的油污。其特点是除油速度快，操作方便，一般情况下不腐蚀被处理金属。缺点是溶剂大多数易燃、有毒、价格贵、除油不彻底，还需要补充除油处理。

有机溶剂除油多用于油污严重零件的预先处理，在电镀前还必须再用化学或电化学方法进行彻底除油。常用的有机溶剂有煤油、汽油、苯类、酮类、烯烃等。

2. 化学除油

化学除油是利用碱溶液对皂化油的皂化作用和乳化作用，表面活性剂（乳化剂）对非皂化油的乳化作用，除去零件表面上油污的处理方法。化学除油的特点是除油液无毒、成本低、除油效果较好、设备简单、容易管理。

一般动植物油中的主要成分三硬脂酸甘油酯和碱发生如下反应：

$$（C_{17}H_{35}COO）_3C_3H_5+3NaOH \Longrightarrow 3C_{17}H_{35}COONa+C_3H_5（OH）_3$$

生成硬脂酸钠（即肥皂）和甘油，两者均溶于水，这样便清除了零件表面的皂化性油污。

矿物油是非皂化性油，它与碱不发生上述反应，它的去除是靠在碱溶液中的乳化作用。所谓乳化作用是使零件表面上的油膜在溶液中乳化剂的作用下，变成很多细小的油珠分散在溶液中，形成由两种互不相溶的液体构成的混合物，称为乳浊液。从而将零件表面的矿物性油污清除干净。

3. 电化学除油

电化学除油是在碱性溶液中将金属零件作为电极，通以直流电，利用电解时电极的极化作用和产生的大量气体将油污除去的方法。电化学除油与化学除油相比不仅速度快，而且除油也更彻底，更干净一些。

电化学除油过程，实质上是水的电解过程：

当金属电极作为阴极时，其表面上进行的是还原过程，析出的是氢气：

$$4H_2O+4e \Longrightarrow 2H_2\uparrow+4OH^-$$

当金属制品作为阳极时，其表面上进行的是氧化过程，析出的是氧气：

$$4OH^--4e \Longrightarrow O_2\uparrow+2H_2O$$

在相同的电流下，阴极过程析出的气体量是阳极过程的两倍，气泡小而密，乳化能力强，因此阴极除油速度更快，效果更好，而且不腐蚀金属。但是对高强度和高弹性钢铁件容易产生渗氢现象引起氢脆，一些电位较正的杂质也容易在零件表面上析出。阳极除油容易造成零件表面的氧化，对有色金属还会造成腐蚀。

生产上常采用联合电化学除油法，却先进行阴极除油，然后再进行短时间阳极除油，或先阳极除油，然后短时间阴极除油。对高强度件和弹簧件不采用阴极除油，而有色金属件一般只采用阴极除油。

四、浸蚀

浸蚀是将金属零件浸渍在相应的浸蚀液中，利用浸蚀液对金属表面的氧化物的溶解作用，除去金属零件表面上的氧化皮、锈蚀产物及钝化薄膜等，使基体金属表面裸露，改善镀层与基体的结合力和外观的处理过程。

1. 分类

按其性质可分为化学浸蚀和电化学浸蚀两大类。按其用途又可分为一般浸蚀、强浸蚀、光亮浸蚀和弱浸蚀等。应根据零件的材质、表面氧化物及锈蚀状况、电镀质量要求等，来选择浸蚀方法和浸蚀液。

常用的浸蚀溶液多由各种酸类组成，对锌、铝等两性金属也可采用碱液浸蚀。

常用的浸蚀剂：硫酸、盐酸、硝酸、磷酸、铬酸、氢氟酸、硫酸氢钠。

常用的缓蚀剂：浸蚀溶液中加入缓蚀剂，可以减少基体金属的溶解，防止浸蚀时金属基体的过腐蚀，避免产生氢脆现象。

2. 钢铁件的浸蚀

钢铁件的浸蚀常采用强浸蚀和弱浸蚀。

（1）强浸蚀。强浸蚀是将钢铁制品浸泡在浓度较高的酸溶液中，在一定温度下除去制品上氧化皮和锈蚀产物的过程。强浸蚀又分为化学强浸蚀和电化学强浸蚀两种。

①化学强浸蚀：浸蚀溶液主要用硫酸和盐酸。当使用硫酸进行浸蚀时，铁的氧化物与硫酸发生的反应为：

$$FeO+H_2SO_4 \Longrightarrow FeSO_4+H_2O$$

$$Fe_2O_3+3H_2SO_4 \Longrightarrow Fe_2(SO_4)_3+3H_2O$$

$$Fe_3O_4+4H_2SO_4 \Longrightarrow Fe_2(SO_4)_3+FeSO_4+4H_2O$$

当使用盐酸进行强浸蚀时，发生的化学反应为：

$$FeO+2HCl \Longrightarrow FeCl_2+H_2O$$

$$Fe_2O_3+6HCl \Longrightarrow 2FeCl_3+3H_2O$$

$$Fe_3O_4+8HCl \Longrightarrow 2FeCl_3+FeCl_2+4H_2O$$

$$Fe+2HCl \Longrightarrow FeCl_2+H_2 \uparrow$$

比较硫酸与盐酸的强浸蚀情况，可以看出，硫酸的消耗量虽少，但是容易造成基体金属的过腐蚀并产生渗氢及氢脆等现象。

盐酸对钢铁基体不会产生过腐蚀，并可减轻渗氢等现象，浸蚀质量好，但是盐酸的消耗量大。

生产实践证明，采用H_2SO_4与HCl的混合酸溶液进行强浸蚀的效果更好些。

②电化学强浸蚀：是将欲处理的钢铁制品作为阴极或阳极置于强浸蚀液中，通以直流电来除去制品表面的氧化皮和锈蚀产物的过程。它又可以分为阴极浸蚀和阳极浸蚀。

（2）弱浸蚀。弱浸蚀的目的是除去金属制品表面上极薄的一层氧化膜，并使表面呈现出金属的结晶组织。弱浸蚀实质上是使金属表面活化的过程，是金属制品进行电镀前的最后一道预处理工序。

第四节　电镀后处理

一、镀层的钝化处理

钝化处理是镀层的镀后处理中一个非常重要而且最常用的处理方法之一，金属或者合金镀层在大气中容易氧化变色，影响镀层性能，镀后必须立即进行钝化处理。钝化处理是将镀后的零部件浸在一定组成的铬酸盐溶液中进行化学处理，使镀层表面形成一层致密的、稳定性高的薄膜。钝化处理的主要目的是提高镀层的耐腐蚀性能，同时也可以提高镀层的装饰性。目前钝化处理主要有三价铬和六价铬钝化。

1. 铜镀层的钝化处理工艺条件

铜在空气中容易氧化，一般铜镀层镀后需要进行钝化处理，工艺条件见表1-1，铬酐中六价铬有毒，需要进行废液处理，按照环保要求，最好采用低铬或三价铬钝化液。

表1-1　铜镀层的钝化处理工艺条件

钝化液组成及工艺条件	数值	钝化液组成及工艺条件	数值
铬酐（CrO_3）/（$g \cdot L^{-1}$）	80~100	时间/s	3~5
温度/℃	室温		

2. 锌镀层的钝化处理工艺条件

锌的化学性质活泼，在大气中容易被氧化变暗，产生"白锈"腐蚀。利用氧化剂在锌镀层上生成一层转化膜，使金属锌的耐蚀性提高并赋予镀层美丽外观的工艺称为转化膜处理，又称为钝化处理。锌镀层在不同的钝化液组成及操作条件下，可以得到彩色、蓝白色、军绿色、金黄色及黑色等不同色调的钝化膜，能起到不同的装饰效果，而且还可提高镀锌层表面抗污染的能力。这些钝化膜耐蚀性的顺序为：军绿色>黑色>彩虹色>金黄色>淡蓝色>白色。

（1）不同镀件的钝化机理。

①彩色钝化。镀锌件普遍采用以铬酸为主的三酸钝化处理，主要是锌与六价铬之间的反应，在酸性较强的溶液中六价铬主要以$Cr_2O_7^{2-}$的形式存在，溶液中有如下平衡：

$$Cr_2O_7^{2-}+3Zn+14H^+ \Longrightarrow 3Zn^{2+}+2Cr^{3+}+7H_2O$$
$$2CrO_4^{2-}+3Zn+16H^+ \Longrightarrow 3Zn^{2+}+2Cr^{3+}+8H_2O$$

此反应随着pH升高到一定值时，凝胶状钝化膜在界面上析出。凝胶成分复杂，可以认为是由可溶性的六价铬化合物和不溶性的三价铬化合物所组成的无定形膜，其组成如下：

$$Cr_2O_3 \cdot Cr(OH)CrO_4 \cdot Cr_2(CrO_4)_3 \cdot ZnCrO_4 \cdot Zn_2(OH)_2 \cdot CrO_4 \cdot Zn(CrO_2)_2 \cdot xH_2O$$

六价铬呈橙黄色，易溶，较软，有自动修复功能；三价铬呈绿色，难溶，强度高，为膜的主体。由于光的折射作用，生成的钝化膜呈彩虹色。

②军绿色钝化。军绿色钝化又称为橄榄色钝化或草绿色钝化，镀膜典雅美观，光泽柔和，抗蚀性高于其他颜色的钝化膜，主要用于军用品作为掩蔽色，机械零件、汽车零件、办

公用品等作为防护—装饰镀层。

军绿色钝化膜是铬酸盐转化膜层和磷酸盐转化膜层结合的产物，即所谓的钝化膜和磷化膜复合膜层。在酸性介质中，溶解的锌离子与界面上的磷酸根反应：

$$Zn^{2+}+HPO_4^{2-} \longrightarrow ZnHPO_4\downarrow$$
$$3Zn^{2+}+2PO_4^{3-} \longrightarrow Zn_3（PO_4）_2\downarrow$$

钝化液中的Cr^{3+}与磷酸盐生成磷酸铬难溶盐：

$$Cr^{3+}+PO_4^{3-} \longrightarrow CrPO_4\downarrow$$

军绿色钝化膜形成的过程中，$ZnHPO_4$、$Zn_3（PO_4）_2$及$CrPO_4$难溶盐以不同的速度共同析出于镀层表面，结晶细小的铬酸盐以填充方式嵌附于结晶粗大的磷酸盐转化膜之间，因此军绿色钝化膜耐蚀性能优于其他颜色的钝化膜。

③黑色钝化。黑色钝化高雅庄重，具有特殊的光学效果，且镀层耐蚀性较高，近几年镀锌黑色钝化的应用范围也在不断扩大。黑色钝化工艺根据发黑剂可以分为银盐和铜盐两大类，银盐或铜盐在钝化过程中生成黑色的氧化银或氧化亚铜，嵌入钝化膜中，从而形成黑色吸光面，其形成机理与彩色钝化有相似之处，分为溶解和成膜两过程：

$$2Ag^++3Zn+Cr_2O_7^{2-}+12H^+ \longrightarrow 3Zn^{2+}+Ag_2O+2Cr^{3+}+6H_2O$$
$$2Cu^{2+}+4Zn+Cr_2O_7^{2-}+12H^+ \longrightarrow 4Zn^{2+}+Cu_2O+2Cr^{3+}+6H_2O$$

（2）钝化工艺。

①低铬工艺条件见表1-2。

表1-2　锌镀层低铬钝化处理工艺条件

钝化液组成及工艺条件	数值	钝化液组成及工艺条件	数值
铬酐（CrO_3）/（$g \cdot L^{-1}$）	3~5	pH	1.8~2
硝酸（HNO_3）/（$mL \cdot L^{-1}$）	0.4~0.7	温度/℃	室温
硫酸（H_2SO_4）/（$mL \cdot L^{-1}$）	0.6~0.9	时间/s	30~50

②无铬酐钝化工艺见表1-3。

表1-3　锌镀层无铬酐钝化处理工艺条件

钝化液组成及工艺条件	数值	钝化液组成及工艺条件	数值
三价铬化合物含量	1.1%（体积分数）	硝酸铬/（$g \cdot L^{-1}$）	10
硫酸/（$mL \cdot L^{-1}$）	3	硫酸铝钾/（$g \cdot L^{-1}$）	30
氟化氢铵/（$g \cdot L^{-1}$）	3.6	偏钒酸铵/（$g \cdot L^{-1}$）	2.25
有机添加剂（胺润湿剂）/（$mL \cdot L^{-1}$）	0.25	盐酸/（$g \cdot L^{-1}$）	5.1
过氧化氢（35%）	2%（体积分数）	温度/℃	室温
pH	1~3（用硫酸调）	时间/s	40
温度/℃	室温		
时间/s	15~30		

③铜锌合金镀层钝化处理工艺条件见表1-4：

表1-4 铜锌合金镀层钝化处理工艺条件

钝化液组成及工艺条件	数值	钝化液组成及工艺条件	数值
重铬酸钾/($g \cdot L^{-1}$)	40~60	pH	3~4（用醋酸调）
		温度/℃	30~40
		时间/min	5~10

④锡合金镀层的镀后钝化处理工艺条件见表1-5。

表1-5 锡合金镀层的钝化处理工艺条件

镀层种类	钝化液组成及工艺条件	数值
锡—铅合金	重铬酸钾（$K_2Cr_2O_7$）/($g \cdot L^{-1}$)	8~10
	碳酸钠（Na_2CO_3）/($g \cdot L^{-1}$)	18~20
	温度/℃	室温
	钝化时间/min	2~10
锡—钴合金	铬酐（CrO_3）/($g \cdot L^{-1}$)	40~60
	醋酸（CH_3COOH）/($g \cdot L^{-1}$)	2~5
	温度/℃	室温
	钝化时间/s	30~60
锡—铈合金	铬酐（CrO_3）/($g \cdot L^{-1}$)	50~60
	硫酸（H_2SO_4）/($g \cdot L^{-1}$)	2~3
	温度/℃	室温
	钝化时间/s	20~30

二、不合格镀层的退镀处理

退镀处理是将不合格镀层退除掉的处理方法。不合格锡镀层的退除方法主要有两种，化学法和电化学法。

1. 化学法

使镀层在化学溶解液中迅速溶解而基体金属不发生溶解或处于钝化状态的方法称为化学法。

化学退除的优点是退除速度快、范围广（基体金属可以是铁、镍、锌镍、铜及铜合金等），成本低，效果好，缺点是金属与酸反应易分解出SO_2、NO和NO_2等有毒气体，需经处理后排放。

（1）退除不合格镍镀层的工艺条件见表1-6。

表1-6 退除不合格镍镀层的退除液组成及工艺条件

镀层种类	退除液组成及工艺条件	数值
钢铁件	间硝基苯磺酸钠/($g \cdot L^{-1}$)	75~80
	氰化钠/($g \cdot L^{-1}$)	75~80
	柠檬酸三钠/($g \cdot L^{-1}$)	10
	氢氧化钠/($g \cdot L^{-1}$)	60
	温度/℃	100
	浓硝酸/份	10
	浓盐酸/份	1
	温度/℃	室温
	时间	镀层退尽为止
铜基体	间硝基苯磺酸钠/($g \cdot L^{-1}$)	60~70
	硫氰酸钾/($g \cdot L^{-1}$)	0.1~1
	硫酸（浓）/($g \cdot L^{-1}$)	100~120
	温度/℃	80~90
	时间	镀层表面由黑变棕色为止

（2）钢铁基体上不合格铬镀层的退除工艺条件见表1-7。

表1-7 钢铁基体上退除不合格铬镀层的退除液组成及工艺条件

退除液组成及工艺条件	数值	退除液组成及工艺条件	数值
盐酸（HCl）（d=1.19）/($mL \cdot L^{-1}$)	600~700	温度/℃	室温
三氯化锑SbCl₃/($g \cdot L^{-1}$)	20	时间	镀层退尽为止

（3）不合格铜锌合金镀层的退除工艺条件见表1-8。

表1-8 退除不合格铜锌合金镀层的退除液组成及工艺条件

退除液组成及工艺条件	数值	退除液组成及工艺条件	数值
铬酐/($g \cdot L^{-1}$)	150~250	浓硫酸	75%（体积分数）
浓硫酸/($g \cdot L^{-1}$)	5~10	浓硝酸	25%（体积分数）
温度/℃	10~40	温度/℃	室温
时间	镀层退尽为止	时间	镀层退尽为止

（4）不合格锡合金镀层的退除工艺条件见表1-9。

表1-9 退除不合格锡合金镀层的退除液组成及工艺条件

退除液组成及工艺条件	数值	退除液组成及工艺条件	数值
氟化氢铵/($g \cdot L^{-1}$)	250	温度/℃	室温
柠檬酸/($g \cdot L^{-1}$)	30	时间	镀层退尽为止
双氧水/($g \cdot L^{-1}$)	50		

2. 电化学法

电化学法即电解法：将镀件作为阳极在电解液中进行电解处理。此法要求电解时镀层金属在电解液中是可溶性阳极，而基体金属则处于阳极钝化状态或溶解速度很慢。

（1）不合格镍镀层的退除工艺条件见表1-10。

表1-10 退除不合格镍镀层的退除液组成及工艺条件

镀层种类	退除的溶液组成及工艺条件	数值
钢铁件上镍镀层	铬酐/（g·L⁻¹）	250~300
	硼酸/（g·L⁻¹）	40
	阳极电流密度/（A·dm⁻²）	3~4
	温度/℃	50~80
	不允许有SO_4^{2-}，不能用铜挂具	
钢铁件上铜/镍/铬镀层	硝酸铵/（g·L⁻¹）	80~150
	温度/℃	20~60
	阳极电流密度/（A·dm⁻²）	10~20
	阳极：钢板	

（2）不合格铜锡合金镀层的退除工艺条件见表1-11。

表1-11 退除不合格铜锡合金镀层的退除液组成及工艺条件

退除液组成及工艺条件	数值	退除液组成及工艺条件	数值
硝酸钾（工业）/（g·L⁻¹）	100~150	阳极移动/（次·min⁻¹）	20~25
pH	7~10	退除速度/（μm·min⁻¹）	1.5~2
温度/℃	15~50		
阳极电流密度/（A·dm⁻²）	5~10		

镀层退除后，可将制件在一般镀锌钝化液中浸渍，再用盐酸洗，然后浸碱液。

（3）不合格铬镀层的退除工艺条件见表1-12。

表1-12 退除不合格铬镀层的退除液组成及工艺条件

镀层种类	退除的溶液组成及工艺条件	数值
钢铁基体上铬镀层	氢氧化钠/（g·L⁻¹）	70~80
	阳极电流密度/（A·dm⁻²）	2~5
	温度	室温
	时间	镀层退尽为止
铝及铝合金基体上铬镀层	硫酸/（g·L⁻¹）	80~110
	阳极电流密度/（A·dm⁻²）	2~10
	温度	室温
	时间	镀层退尽为止
锌合金基体上铬镀层	碳酸钠/（g·L⁻¹）	50
	阳极电流密度/（A·dm⁻²）	2~3
	温度	室温
	时间	镀层退尽为止

由于电解法的阳极电流密度分布不均匀,低处未退净,而高处过腐蚀,故一般采用化学退除法的较多。

第五节 单金属电镀

一、电镀锌

1. 概述

电镀锌是生产上应用最早的电镀工艺之一,工艺比较成熟,操作简便,投资少,在钢铁件的耐腐蚀镀层中成本最低,是防止钢铁腐蚀应用最广泛、最经济的措施之一。由于电镀锌层具有良好的大气防腐性,且锌资源丰富,相对其他金属价格低廉,镀层经钝化后外表美观,因此锌是电镀用量最大的金属。据粗略估计,电镀锌大约占电镀总量的60%以上,是一种面大量广的电镀工艺。

(1)锌镀层的性质及其应用:锌是银白而略显蓝色的两性金属,在干燥空气中很稳定,在潮湿环境(锌腐蚀的临界湿度大于70%)中能与空气中的二氧化碳、氧气等作用,很快失去光泽,表面生成一层白色腐蚀产物——碱式碳酸锌的薄膜;与硫化氢等含硫化合物反应生成硫化锌;锌易受氯离子侵蚀,所以不耐海水腐蚀。金属锌较脆,只有加热到100~150℃才具有一定的延展性。锌的硬度低,耐磨性差。

锌是两性金属,既溶于酸也溶于碱。锌的标准电极电位为−0.76V,当锌中含有电位较正的杂质时,锌的溶解速度更快。但是电镀锌层的纯度高,结构比较均匀,因此在常温下,锌镀层具有较高的化学稳定性。

锌镀层主要镀覆在钢铁制品的表面,作为防护性镀层。提高镀层耐蚀能力,国内外通常采用两种措施,即提高钝化膜的质量或与铁、钴、镍等形成二元合金。锌镀层经铬酸盐钝化之后,耐蚀性可提高6~8倍;含铁0.3%~0.6%的Zn—Fe合金,或含镍6%~10%的Zn—Ni合金镀层,其耐蚀性可提高3~10倍,广泛用于汽车钢板代替镀锌。锌镀层主要镀覆在钢铁制品的表面,作为防护性镀层。提高镀层耐蚀能力,国内外通常采用两种措施,即提高钝化膜的质量或与铁、钴、镍等形成二元合金。锌镀层经铬酸盐钝化之后,耐蚀性可提高6~8倍;含铁0.3%~0.6%的Zn—Fe合金,或含镍6%~10%的Zn—Ni合金镀层,其耐蚀性可提高3~10倍,广泛用于汽车钢板代替镀锌。

(2)镀锌电解液的种类:获得锌镀层的方法很多,有电镀、热浸镀、化学镀、热喷镀和热扩散等,以电镀应用较为普遍。

电镀锌所采用的电解液的种类很多,按电解液的性质可分为碱性镀液、中性或弱酸性镀液和酸性镀液三类,或是氰化物镀液和无氰镀液两类。无氰镀液有碱性锌酸盐镀液、铵盐镀液和硫酸盐镀液(两种均为酸性)、氯化钾镀液(微酸性)等。

2. 锌酸盐镀锌

从锌酸盐电解液中电沉积金属锌早在20世纪30年代就有人研究过,直到60年代后期才研制出合成添加剂，采用两种或两种以上的有机化合物进行合成，以其合成产物作为锌酸盐镀锌的添加剂，可以获得结晶细致而有光泽的镀锌层。我国于70年代初将这一添加剂应用于电镀锌的生产。

锌酸盐镀锌溶液成分简单稳定，操作维护方便。镀层结晶细致，光泽性好，钝化膜不易变色，电解液的分散能力和深镀能力接近氰化镀锌溶液，适合于电镀形状复杂的零件。镀液对设备腐蚀性小，不含氰化物，废水处理简单。

缺点是电流效率低（只有65%~75%），镀层超过一定厚度（5μm）时脆性增加，对铸、锻件较难镀覆。

（1）电解液的组成及工艺条件见表1-13。

表1-13　锌酸盐镀锌电解液组成及工艺条件

溶液组成及工艺条件	1	2	3
氧化锌（ZnO）/（g·L^{-1}）	8~12	10~15	10~12
氢氧化钠（NaOH）/（g·L^{-1}）	100~120	100~130	100~120
DE添加剂/（mL·L^{-1}）	4~6		4~5
香豆素（C$_9$H$_6$O$_2$）/（g·L^{-1}）	0.4~0.6		
混合光亮剂/（mL·L^{-1}）	0.5~1		
DPE-Ⅲ添加剂/（mL·L^{-1}）		4~6	
三乙醇胺［N（CH$_2$CH$_2$OH）$_3$］/（mL·L^{-1}）		12~30	
KR-7添加剂/（mL·L^{-1}）			1~1.5
温度/℃	10~40	10~40	10~40
阴极电流密度/（A·dm^{-2}）	1~2.5	0.5~3	1~4

（2）锌酸盐镀锌电解液中各成分的作用。

①氧化锌：是镀液中的主盐，提供所需要的锌离子，氧化锌和氢氧化钠作用生成［Zn（OH）$_4$］$^{2-}$络离子。

$$ZnO+2NaOH+H_2O \rule[0.5ex]{3em}{0.4pt} ［Zn（OH）_4］^{2-}+2Na^+$$

锌含量对镀液性能和镀层质量影响很大。

②氢氧化钠：是络合剂，作为强电解质，它还可以改善电解液的电导，因此，过量的氢氧化钠是镀液稳定的必要条件。

③添加剂：在锌酸盐电解液中，添加剂对镀层质量起着决定性的作用，当镀液中不含添加剂时，只能得到黑色的疏松的海绵状锌。

a. 晶粒细化剂：称极化型添加剂，主要是有机胺和环氧氯丙烷的缩合物，使镀层结晶细致，但镀层光泽性较差。

b. 光亮剂：包括金属盐、芳香醛、杂环化合物及表面活性剂。这类添加剂能使镀层更光亮、平滑，并且能降低镀层的应力。生产实践表明，只有同时加入两种或两种以上添加剂时，才能在较宽的电流密度范围内获得结晶细致、光泽的镀层。

（3）工艺条件的影响。

①温度：锌酸盐镀锌电解液的操作温度一般控制在10~40℃。

②电流密度：允许使用的电流密度范围与镀液温度有很大关系，在30~40℃时，宜用2~4A／dm²，而在20℃以下时只能使用1~1.2A／dm²。

（4）电极反应。

①阴极反应。电解液中的[Zn（OH）₄]²⁻通过扩散达到阴极表面附近后，首先发生表面转化反应

$$[Zn（OH）_4]^{2-}=Zn（OH）_2+2OH^-$$

Zn（OH）₂为表面络合物，它在电极上得到电子还原为金属锌：

$$Zn（OH）_2+2e=Zn+2OH^-$$

副反应：

$$2H_2O+2e=H_2\uparrow+2OH^-$$

②阳极反应。主反应是金属阳极的电化学溶解：

$$Zn-2e=Zn^{2+}$$

Zn²⁺与OH⁻络合，形成[Zn（OH）₄]²⁻：

$$Zn^{2+}+4OH^-=[Zn（OH）_4]^{2-}$$

副反应：

$$4OH^-+4e=O_2\uparrow+2H_2O$$

3. 氯化钾镀锌

氯化物镀锌可以分为氯化铵镀锌和无铵氯化物镀锌两大类。氯化铵镀锌由于对设备腐蚀严重，废水处理困难等原因，已逐渐被淘汰。20世纪70年代后期发展起来的氯化钾（钠）镀锌，不仅完全具备了氯化铵镀锌的优点，而且还克服了其存在的缺点，因此得到了迅速的发展。目前，根据粗略统计，在我国氯化钾（钠）镀锌溶液的体积已超过镀锌溶液总体积的50%。

（1）氯化钾镀锌的特点。

①氯化钾镀锌电解液成分简单，镀液的稳定性高，而且电解液呈微酸性（pH在5~6.5之间），对设备腐蚀性小。

②废水处理简单容易。无须排风设备。

③氯化钾镀锌电解液的电流密度范围宽，所得到的镀层的光亮性和整平性均优于其他镀液体系。电解液的操作温度范围很宽（5~65℃甚至可更高一些），因此夏季无须降温；冬季无须加温即可维持正常生产。

④电解液的阴极电流效率高达95%~100%，沉积速度快而且分散能力和深镀能力好，在铸、锻件及高碳钢件上均能镀覆合格的镀层。

⑤由于电解液中含有大量导电能力好的氯化钾，因此电解液的电导率高，电能消耗少。

缺点：由于电解液中含有氯离子，对金属有一定的腐蚀性，因此不适于镀覆需要加辅助阳极的深孔件和管状件。

（2）电解液的组成及工艺条件见表1-14。

表1-14 氯化钾（钠）镀锌电解液组成及工艺条件

溶液组成及工艺条件	1（KCl）	2（KCl）	3（NaCl）
氯化锌（ZnCl$_2$）/（g·L^{-1}）	60~70	55~70	50~70
氯化钾（或氯化钠）/（g·L^{-1}）	200~230	180~220	180~250
硼酸（H$_3$BO$_3$）/（g·L^{-1}）	25~30	25~35	30~40
70%HW高温匀染剂/（mL·L^{-1}）	4		
SCZ-87光亮剂/（mL·L^{-1}）	4		
ZL-88光亮剂/（mL·L^{-1}）		15~18	
BH-50光亮剂/（mL·L^{-1}）			15~20
pH	5~6	5~6	5~6
温度/℃	5~65	10~65	15~50
阴极电流密度/（A·dm^{-2}）	1~6	1~8	0.5~4

二、电镀铜

1. 概述

（1）铜镀层的性质及其应用。金属铜呈玫瑰红色，具有良好的延展性、导热性和导电性。原子量为63.54，相对密度为8.92g/cm^3，熔点1083℃。铜易溶于硝酸和热的浓硫酸中。铜在化合物中可以一价或二价的形式存在。

铜镀层是美丽的玫瑰色，质软、易抛光，在空气中易氧化失去光泽，加热时尤甚。铜易溶于硝酸、铬酸及加热的浓硫酸中，在盐酸和稀硫酸中反应很慢，能被碱侵蚀。与空气中的硫化物作用生成黑色的硫化铜，在潮湿的空气中，与二氧化碳或氯化物生成绿色的碱式碳酸铜（铜绿）或氯化物膜。由于铜的标准电极电位比锌、铝及铁正得多，因此，在锌、铝、铁金属上镀铜是阴极性镀层。铜镀层均匀、细致，用途广泛。

①作为镀镍、镀锡、镀银和镀金的底层或中间层，以提高基体金属和表面镀层的结合力，减少镀层孔隙，提高镀层的防腐蚀性能。

②装饰性镀铬时，常采用厚铜薄镍镀层，以节约金属镍。

③在热处理工艺中用于钢铁局部防渗碳。

④电子行业用镀厚铜的钢丝线（CP线）代替纯铜线作为电子元件的引线，还可用于印刷线路板通孔的金属化。

⑤在塑料电镀中常用化学镀铜层作为导电层。

（2）镀铜电解液的类型。电镀铜的电解液的种类很多，按电解液组成可分为氰化物电解液和非氰化物电解液两大类。非氰化物电解液又有硫酸盐镀液和焦磷酸盐镀液。

2. 硫酸盐镀铜

硫酸盐镀铜电解液是非氰化物镀液中使用最广泛、最具典型意义的电镀液之一，又可分为普通镀铜电解液和光亮镀铜电解液两种。

普通镀铜电解液的特点是镀液成分简单、成本低、镀液稳定、容易控制、废水处理容易，但镀层色泽暗，质量较差。

硫酸盐光亮镀铜电解液改善了镀液的性能，可以直接获得高整平性、全光亮的镀铜层，允许使用较高的阴极电流密度，从而提高生产效率。其缺点是分散能力较差，不能在钢铁件和管状零件上直接电镀。

（1）硫酸盐镀铜电解液的组成及工艺条件见表1-15。硫酸盐镀铜电解液的基本组成比较简单，主要是由硫酸铜和硫酸，加入光亮添加剂后即成为光亮镀铜电解液。

表1-15　硫酸盐镀铜电解液组成及工艺条件

溶液组成及工艺条件	1	2	3	4
硫酸铜（$CuSO_4 \cdot 5H_2O$）/（$g \cdot L^{-1}$）	150~220	150~220	180~220	160~190
硫酸（H_2SO_4）/（$g \cdot L^{-1}$）	0	50~70	50~70	55~70
氯离子（Cl^-）/（$mg \cdot L^{-1}$）	40~70	20~80	20~80	20~80
2-巯基苯并咪唑（M）/（$mg \cdot L^{-1}$）		0.3~1		
亚乙基硫脲（N）/（$mg \cdot L^{-1}$）		0.2~0.7		
噻唑啉基二硫代丙磺酸钠（SH-110）/（$mg \cdot L^{-1}$）			5~20	
甲基紫/（$mg \cdot L^{-1}$）			10	
聚二硫二丙烷磺酸钠（SP）/（$g \cdot L^{-1}$）		0.01~0.02		
聚乙二醇（分子量6000）/（$g \cdot L^{-1}$）		0.05~0.1		
OP乳化剂/（$g \cdot L^{-1}$）			0.2~0.5	
光亮剂AC-I/（$mg \cdot L^{-1}$）				4
AC-II/（$mg \cdot L^{-1}$）				0.5
温度/℃	20~30	7~40	7~40	10~40
阴极电流密度/（$A \cdot dm^{-2}$）	1~3	1.5~5	1~6	2~6
搅拌方式		阴极移动	阴极移动	阴极移动或空气搅拌

（2）镀液中各成分的作用。

①硫酸铜：提供Cu^{2+}的主盐，其含量一般控制在180~190g/L为宜。如含量过低，允许使用的电流密度下降，阴极电流效率和镀层光亮度均受影响。硫酸铜的溶解度随硫酸含量的增加而下降，过高的硫酸铜含量容易结晶析出，镀液的分散能力也不好。

②硫酸：强电解质，可以提高镀液的电导率，改善镀液的分散能力，保证阳极的正常溶解，还能防止铜盐水解成氧化亚铜而沉淀析出，增强镀液的稳定性。

在生产中硫酸的含量通常控制在50~70g/L，含量过低，镀液分散能力下降，镀层粗糙，阳极易钝化；含量过高，镀层的光泽度及整平性下降，还会造成一些光亮剂的分解。

③氯离子：在硫酸盐光亮镀铜溶液中必须含有一定量的氯离子，它可以提高镀层的光亮度及整平性，并且可以降低由于加入添加剂后所产生的内应力。

Cl^-的适宜含量为0.02~0.08g/L，含量过低时镀层的光亮度及整平性下降，镀层内应力较大，严重时镀层粗糙有针孔；含量过高镀层的光亮度下降，并产生麻点。

④光亮剂：硫酸盐光亮镀铜目前所采用的光亮剂多为组合光亮剂。按其作用可分为主光

亮剂、整平剂和光亮剂载体。这三种物质配合使用才能获得良好的效果。

（3）工艺条件的影响。

①温度：硫酸盐光亮镀铜溶液的工作温度范围较宽，在10~40℃范围内，均能获得光亮度高、整平性好的铜镀层。提高温度可增加镀液的电导，使阴极和阳极的极化均下降，温度过高获得光亮镀层的电流密度范围变窄。降低温度可使镀层晶粒细化；温度过低，允许使用的电流密度下降，而且硫酸铜易结晶析出。

②电流密度：硫酸盐光亮镀铜溶液的电流密度范围较宽，而且与镀液浓度、温度和搅拌密切相关，提高任何一项，都能提高允许的工作电流密度。

③搅拌：可以降低浓差极化的作用，提高阴极电流密度，加快沉积速度。

搅拌方式可以采用阴极移动或压缩空气搅拌，压缩空气必须经过净化处理。

压缩空气搅拌还有助于将电镀时溶液中产生的一价铜离子氧化，消除其对电镀过程的干扰。但是搅拌会使一些机械杂质悬浮在镀液中，易使镀层产生毛刺或麻点，因此最好能配合循环过滤，以消除这一不良的影响。

（4）电极反应。硫酸盐镀铜的电极反应比较简单，阴极的主反应为Cu^{2+}还原为金属铜，反应方程式为：

$$Cu^{2+}+2e \rule[0.5ex]{1.5em}{0.4pt} Cu$$

当阴极电流密度过小时，有可能发生Cu^{2+}的不完全还原，而产生Cu^+，反应方程式为：

$$Cu^{2+}+e \rule[0.5ex]{1.5em}{0.4pt} Cu^+$$

当阴极电流密度过大时，则可能有析氢的副反应发生，反应方程式为：

$$2H^++2e \rule[0.5ex]{1.5em}{0.4pt} H_2\uparrow$$

阳极的主反应是金属铜氧化为Cu^{2+}，反应方程式为：

$$Cu-2e \rule[0.5ex]{1.5em}{0.4pt} Cu^{2+}$$

阳极的副反应为析出氧气，反应方程式为：

$$2H_2O-4e \rule[0.5ex]{1.5em}{0.4pt} O_2\uparrow+4H^+$$

此外，当阳极电流密度过小时，还可能发生铜的不完全氧化，反应方程式为：

$$Cu-e \rule[0.5ex]{1.5em}{0.4pt} Cu^+$$

3. 焦磷酸盐镀铜

焦磷酸盐镀铜工艺也是使用较广泛的一个镀种。焦磷酸盐镀铜电解液属于络合物型电解液，镀液成分简单、稳定，分散能力好，镀层结晶细致，可获得较厚的铜镀层，镀液无毒和对设备无腐蚀，特别适用于印刷线路板和锌合金压铸件的电镀。其缺点是镀液浓度高，带出损失较多，镀液的配制成本较高，另外长期使用（一般在几年之内）会造成正磷酸盐的积累，使沉积速度明显下降；另外还需要采取预镀措施来提高镀层与基体的结合力。

（1）电解液的组成及工艺条件见表1-16。

表1-16　焦磷酸盐镀铜电解液组成及工艺条件

溶液组成及工艺条件	普通镀铜	光亮镀铜
焦磷酸铜（$Cu_2P_2O_7$）/（$g \cdot L^{-1}$）	60~70	70~90
焦磷酸钾（$K_4P_2O_7 \cdot 3H_2O$）/（$g \cdot L^{-1}$）	280~320	300~380
柠檬酸氢二铵［$(NH_4)_2HC_6H_5O_7$］/（$g \cdot L^{-1}$）	20~25	10~15
二氧化硒（SeO_2）/（$g \cdot L^{-1}$）		0.008~0.02
2-巯基苯并咪唑/（$mg \cdot L^{-1}$）		0.002~0.004
pH	8.2~8.8	8~8.8
温度/℃	30~35	30~50
阴极电流密度/（$A \cdot dm^{-2}$）	1~1.5	1.5~3
搅拌方式	阴极移动	阴极移动

（2）镀液中各成分的作用。

①焦磷酸铜：主盐，为镀液提供铜离子。可按配方量直接加入焦磷酸铜，也可按下列反应方程式制备焦磷酸铜：

$$2CuSO_4+Na_4P_2O_7 =\!=\!= Cu_2P_2O_7 \downarrow +2Na_2SO_4$$

镀液中铜含量对镀液的性能影响较大，它影响镀液的阴极极化和工作电流密度范围。在一般镀铜溶液中铜的含量控制在22~27g/L，对于光亮镀铜溶液铜含量控制在27~35g/L。

铜含量过低，允许的工作电流密度范围窄，镀层的光亮度和整平性都差；铜含量过高，阴极极化作用下降，镀层粗糙。

②焦磷酸钾：电解液中的主要络合剂。由于焦磷酸钾盐的溶解度大，能够相应地提高镀液中铜含量，从而提高了允许的工作电流密度和电流效率，而且K^+的电迁移数比Na^+大，可以提高镀液的电导，改善镀液的分散能力。

另外，镀液中还必须保持一定量的游离焦磷酸钾，其作用是使络合物更稳定，防止焦磷酸铜沉淀，改善镀层质量，提高镀液的分散能力，保证阳极的正常溶解。在生产中重要的是控制$P_2O_7^{4-}$与Cu^{2+}的比值。实践证明，$P_2O_7^{4-}$：Cu^{2+}控制在（7~8）：1较为适宜。在此范围内，镀液具有较大的阴极极化，分散能力好，镀层结晶细致，阳极溶解好。比值过大，阴极电流效率下降，镀层光亮范围缩小，易出现针孔，而且形成正磷酸盐的趋势增加：比值过小，镀层粗糙，阳极溶解变差。

③柠檬酸铵：在镀液中，它是铜离子的辅助络合剂，对改善电解液的分散能力，提高允许的工作电流密度和镀层的光亮度，增强镀液的缓冲作用，促进阳极溶解都具有一定的作用。一般加入量为10~30g/L，加入量过低效果不明显，过高镀层易产生毛刺。

④光亮剂：在焦磷酸盐镀铜溶液中，加入含巯基的化合物可使镀层光亮，还有一定的整平作用。生产中还常加入SeO_2或亚硒酸盐，作为辅助光亮剂与2-巯基苯并咪唑配合使用：它不仅可以增加光亮效果，还可以降低因使用巯基化合物而产生的镀层内应力。

（3）工艺条件的影响。

①pH：对焦磷酸盐镀铜溶液的稳定性和镀层质量有着直接的影响。pH过低会导致焦磷酸盐水解，造成镀液中正磷酸根的积累或产生沉淀；pH太高，将使工作电流密度范围缩小，电流效率和分散能力下降，镀层变粗糙，阳极钝化。当镀液的pH偏低时，可用氢氧化钾或氨水调节，若pH过高，则可用焦磷酸或柠檬酸来调节。

②温度：焦磷酸盐镀铜溶液的温度直接影响工作电流密度范围。提高温度可以提高电流密度，但会使氨的挥发量增加，超过60℃会显著加速焦磷酸盐的水解，使镀液稳定性下降；温度低于30℃，镀层易烧焦。

③电源波形：在焦磷酸盐镀铜工艺中，采用单相半波、单相全波及间歇直流等整流波形时，可获得结晶细致、光亮的镀层。

④搅拌：焦磷酸盐镀铜电解液的黏度较大，而铜络阴离子主要是靠扩散向阴极移动，因此在电沉积过程中很容易出现浓差极化，使得阴极电流密度范围很窄，且镀层呈棕褐色。对镀液加强搅拌才能降低浓差极化。搅拌方式有移动阴极和空气搅拌两种。

⑤阳极：焦磷酸盐镀铜所使用的阳极材料不仅要考虑纯度，还应注意金属的组织结构。铜阳极应采用结晶细致的电解铜板，如经压延加工，则效果更好。

焦磷酸盐镀铜电解液属于络合物电解液，镀液的pH应控制在8~9之间。在这样的条件下，铜络离子的主要存在形式为$[Cu(P_2O_7)_2]^{6-}$，因此阴极的主反应是$[Cu(P_2O_7)_2]^{6-}$还原为金属铜，反应方程式为：

$$[Cu(P_2O_7)_2]^{6-}+2e=Cu+2P_2O_7^{4-}$$

同时，阴极上还会发生析氢的副反应，反应方程式为：

$$2H_2O+2e=H_2\uparrow+2OH^-$$

焦磷酸盐镀铜采用的是可溶性阳极，阳极的主反应为：

$$Cu-2e=Cu^{2+}$$

Cu^{2+}与$P_2O_7^{4-}$络合形成铜络离子，反应方程式为：

$$Cu^{2+}+2P_2O_7^{4-}=[Cu(P_2O_7)_2]^{6-}$$

当阳极电流密度过大时，还将有氧气析出，反应方程式为：

$$4OH^--4e=O_2\uparrow+2H_2O$$

三、电镀镍

1. 概述

自1843年R.班特格尔（R.Bottger）发明镀镍以来，至今已有一百多年的历史，随着生产的发展和科学技术的进步，各种镀镍电解液不断出现和完善。1916年O.P.Watts提出了著名的瓦特型镀镍电解液，镀镍工艺进入工业化阶段，瓦特型镀镍电解液至今仍是光亮镀镍、封闭镍等电解液的基础。

第二次世界大战以后，随着汽车工业的迅速发展，半光亮镀镍和光亮镀镍工艺发展很快，然而，光亮镍经镀铬后，其耐腐蚀性能远不如暗镍抛光和半光亮镍的好，所以促进了人们从镀层体系、耐腐蚀机理、快速腐蚀试验方法和镀层质量评价标准等方面开展研究。美国哈夏诺（Har-shaw）化学公司的双层镀镍工艺和美国尤迪莱特（Udylite）公司三层镀镍工艺的问世，就是这些研究工作的杰出成果之一。20世纪60年代初期，在西欧（荷兰的N.V.丽塞奇公司）及美国的尤迪莱特公司几乎同时开发出一种弥散镀层（复合镀层—镍封闭）。在镍的复合镀层上再镀铬，形成微孔铬以提高镀层的耐腐蚀性能。

（1）镍镀层的性质及其应用。镍是一种银白略带微黄色的金属，相对原子质量为58.69，密度为8.9g/cm³，熔点为1452℃，标准电极电位为0.25V。

金属镍自身具有很高的化学稳定性，在稀酸、稀碱及有机酸中具有良好的耐蚀性；在空气中与氧作用形成钝化膜，使镍镀层具有良好的抗大气腐蚀性。镍镀层的孔隙率较高，且镍的电极电位比铁更正，使得镍镀层只有在足够厚（40~50μm）且没有孔隙时，才能在空气和某些腐蚀性介质中有效地防止腐蚀。为节省金属镍，减少孔隙率，通常采用镀镍层与镀铜层一起使用或采用多层电镀，如Cu—Ni、Cu—Ni—Cr、Ni—Cu—Ni—Cr、Cu—Cu—Ni—Cr等形式达到防护—装饰目的。

镍具有良好的塑性，易滚压与压延，同时具有较高的硬度，所以镍镀层常用于镀覆外科器械、印刷业中铅及铜锌板表面处理、唱片生产中将阴模镀镍以及塑料模具电铸等。在电镀行业中，镍镀层的产量仅次于镀锌层而居第二位。

（2）镀镍的类型。镀镍的类型有很多，若以镀液种类来分，有硫酸盐、硫酸盐—氯化物、全氯化物、氨磺酸盐、柠檬酸盐、焦磷酸盐和氟硼性盐等镀镍。由于镍在电化学反应中的交换电流密度（i_0）比较小，在单盐镀液中，就有较大的电化学极化。

按镀层外观不同，可分为有无光泽镍（暗镍）、半光亮镍、全光亮镍、缎面镍、黑镍等。

按镀层功能不同，可分为有保护性镍、装饰性镍、耐磨性镍、电铸（低应力）镍、高应力镍、镍封等。

2. 普通镀镍

普通镀镍又称电镀暗镍或无光泽镀镍，是最基本的镀镍工艺。

镀液主要由硫酸镍、少量氯化物和硼酸组成，用这种镀液镀出的镍镀层结晶细致，易于抛光，韧性好，耐蚀性也比亮镍好。

镀层主要用于电镀某些只要求保持本色的零件，或仅考虑防腐蚀作用而不需考虑外观装饰的零件，常用于防护、装饰性镀层的中间层或底层，也用于镀厚镍或电铸。

（1）电解液的组成及工艺条件见表1-17。

表1-17　电镀暗镍的电解液组成及工艺条件

溶液组成及工艺条件	1	2	3	4
硫酸镍（$NiSO_4 \cdot 7H_2O$）/（g·L⁻¹）	250~300	150~200	180~250	240~250
氯化镍（$NiCl_2 \cdot 6H_2O$）/（g·L⁻¹）	30~60			28~32
氯化钠（NaCl）/（g·L⁻¹）		8~10	10~12	
丁二酸/（g·L⁻¹）				28~32
硼酸（H_3BO_3）/（g·L⁻¹）	35~40	30~35	30~35	
无水硫酸钠（Na_2SO_4）/（g·L⁻¹）		40~80	20~30	
硫酸镁（$MgSO_4$）/（g·L⁻¹）			30~40	
十二烷基硫酸钠（$C_{12}H_{25}SO_4Na$）/（g·L⁻¹）	0.05~0.1	0.05~0.1		0.05~0.1

续表

溶液组成及工艺条件	1	2	3	4
pH	3~4	5~5.5	5~5.5	2.0~3.5
温度/℃	45~60	18~35	20~35	45~60
阴极电流密度/（A·dm^{-2}）	1~2.5	0.5~1	1~10	5~30
搅拌方式	阴极移动	阴极移动	阴极移动或空气搅拌	阴极移动或强制循环

（2）镀液中各成分的作用。镀液一般由主盐、阳极活化剂、pH缓冲剂、防针孔剂和导电盐等组成。

①主盐：硫酸镍是镍镀液中的主盐，它提供镀镍所需的Ni^{2+}，浓度为100~350g/L。浓度低的镀液分散能力好，镀层结晶细致，但沉积速度慢；浓度较高的镀液可使用较高的电流密度，沉积速度快，容易镀出色泽均匀的无光镀层，适用于快速镀镍及镀厚镍。

②阳极活化剂：氯化镍或氯化钠中的Cl^-是镀镍溶液中的阳极活化剂。镍阳极在电镀过程中易钝化而阻碍镍阳极的溶解，镀液中的Cl^-通过在镍阳极上的特性吸附，去除氧、羟基离子和其他钝化镍阳极表面的异种粒子，从而保证镍阳极的正常溶解。

钠离子浓度增加会使镀层发脆，结合力及光亮性变差。氯离子含量较高的镀液对设备的腐蚀性也较大。

③pH缓冲剂：镀镍溶液中广泛使用硼酸作为pH缓冲剂；效果更好的还有氨基乙酸和丁二酸等。缓冲剂可使镀液的pH维持在一定范围内。

pH过高，将在阴极表面附近液层中形成$Ni(OH)_2$胶体。$Ni(OH)_2$胶体的形成一方面造成氢气泡在镀层表面滞留而增加镀层的孔隙率，同时$Ni(OH)_2$还将夹杂在镀层中使镀层的脆性增加。

④防针孔剂（润湿剂）：十二烷基硫酸钠是暗镍镀液中常用的防针孔剂，它是一种阴离子表面活性剂，通过在阴极表面吸附，降低电极与镀液间的界面张力，使形成的氢气泡难以在电极表面滞留，从而减少了镀层中的针孔。

⑤导电盐：硫酸镁是暗镍镀液中常用的导电盐，它的加入可提高镀液的电导率，改善镀液的分散能力，并有利于降低槽电压。

（3）电极反应。

阴极反应：

$$Ni^{2+}+2e =\!=\!= Ni$$
$$2H^++2e =\!=\!= H_2\uparrow$$

阳极反应：

$$Ni-2e =\!=\!= Ni^{2+}$$

若镍阳极发生钝化，则在阳极极化较大时，会有氧气析出：

$$2H_2O-4e =\!=\!= O_2\uparrow+4H^+$$

若镀液中有Cl^-存在，则在阳极极化较大时，会有氯气析出：

$$2Cl^--2e =\!=\!= Cl_2\uparrow$$

（4）工艺条件的影响。

①温度：提高镀液温度，镀层的内应力降低，延展性提高。

②pH：一般镀镍溶液的pH控制在13~5.5。pH过低，阴极将大量析氢，使镀层产生更多的针孔。pH较高，将会生成氢氧化镍胶体，使镀层变脆并产生针孔。

③阴极电流密度：阴极电流密度对阴极电流效率、沉积速度及镀层质量均有影响。

④搅拌：搅拌镀液将加速传质过程，加速氢气泡的逸出，有效地减少针孔。可采用压缩空气搅拌或镀液强制循环等方式。

3. 电镀光亮镍

电镀光亮镍工艺通过在普通镀镍溶液中加入光亮剂，即可得到镜面光泽的镍镀层。

（1）电解液的组成及工艺条件见表1-18。

表1-18 电镀光亮镍的电解液组成及工艺条件

溶液组成及工艺条件	电镀光亮镍
硫酸镍（$NiSO_4 \cdot 7H_2O$）/（$g \cdot L^{-1}$）	280~340
氯化镍（$NiCl_2 \cdot 6H_2O$）/（$g \cdot L^{-1}$）	40~50
氯化钠（NaCl）/（$g \cdot L^{-1}$）	8~10
硼酸（H_3BO_3）/（$g \cdot L^{-1}$）	30~35
光亮剂/（$g \cdot L^{-1}$）	适量
糖精/（$g \cdot L^{-1}$）	1~3
十二烷基硫酸钠（$C_{12}H_{25}SO_4Na$）/（$g \cdot L^{-1}$）	0.1~0.2
pH	3.5~4.5
温度/℃	55~65
阴极电流密度/（$A \cdot dm^{-2}$）	0.8~1.5
搅拌方式	阴极移动

（2）镀镍光亮剂。镀镍光亮剂多为有机化合物，视作用效果及作用机理的不同可分为三类：第一类光亮剂又称为初级光亮剂，第二类光亮剂又称为次级光亮剂，第三类光亮剂又称为辅助光亮剂。

一般认为，镀液中光亮剂的加入，可使得镀层变得平整均匀，晶粒细化，从而获得镜面光泽。

①初级光亮剂：通过不饱和碳键吸附在阴极的生长点上，增大阴极极化，从而显著减小镀层的晶粒尺寸，使镀层产生柔和的光泽，但不能获得镜面光泽。

初级光亮剂的加入还将使镀层产生压应力，若与产生张应力的次级光亮剂配合使用，在一定条件下可以得到应力为零的镀层。

初级光亮剂大都含有=C—SO_2—结构的有机含硫化合物。

糖精是使用最广泛的镀镍初级光亮剂，后来出现的双苯—磺酰亚胺，除具有与糖精相似的作用，即细化晶粒，使镀层产生压应力，提高镀层的韧性及与基体的结合力之外，还能增加镀液对杂质的容忍度，扩大光亮电流密度范围等作用，但价格较贵。

初级光亮剂参与电极反应后，分子中的硫被还原成硫化物，以硫化镍（NiS或NiS$_3$）的形式进入镀层，是镀层中含硫的来源。

②次级光亮剂：必须与初级光亮剂配合使用，才能获得具有镜面光泽和延展性良好的镍镀层，若单独使用，虽然可获得光亮镀层，但光亮区电流密度范围狭窄，镀层张应力和脆性大。有些次级光亮剂还兼具整平作用，对基体表面原有的微细粗糙处（包括抛光过程中产生的丝痕）起到补漏、填平作用。次级光亮剂能大幅度提高阴极极化，有的可达数百毫伏；因此，能较好地改善镀液的分散能力。次级光亮剂种类很多，其特征是分子中存在不饱和基团，常见的有以下三种不饱和基团：

$$-C\equiv C- \qquad >C=N- \qquad >C=C<$$

③辅助光亮剂：它们的都是有机物，特点是，在分子中既含有初级光亮剂的C—S基团，又含有次级光亮剂的C=C基团。它们在单独使用时，并不能得到光亮镀层，但与其他光亮剂配合使用时，具有以下作用：改善镀层的覆盖能力；降低镀液对金属杂质的敏感性，减少针孔；缩短获得光亮和整平镀层所需的电镀时间，即所谓出光速度加快，有利于采用厚铜薄镍工艺；降低次级光亮剂的消耗量。

四、电镀铬

1. 概述

自20世纪20年代初电镀铬取得在工业上的应用以来，发展十分迅速，并获得了广泛应用，成为重要的镀种之一。电镀铬是单金属电镀中的一个比较特殊的镀种，具有其自身独有的特点。

（1）铬镀层的性质。铬是一种略显带天蓝色的银白色金属。原子量为51.99，相对密度为6.98~7.21，熔点为1875~1920℃。

标准电极电位为：$\varphi^{\ominus}_{Cr^{3+}/Cr}=-0.74V$，$\varphi^{\ominus}_{Cr^{3+}/Cr^{2+}}=-0.41V$和$\varphi_{Cr^{6+}/Cr^{3+}}=1.33V$

在空气中极易钝化，其表面上很容易生成一层极薄的钝化膜。对钢铁基体无电化学保护作用，当镀铬层致密无孔时，才能起到机械保护作用。

镀铬层具有良好的化学稳定性，潮湿的大气中不起变化，与硫酸、硝酸及许多有机酸、硫化氢及碱等均不发生作用。但易溶于氢卤酸及热的硫酸中。

镀铬层具有极好的反光性能和装饰性能，经抛光后或在光亮基体上沉积的铬层呈银蓝色镜面光泽，在500℃以下的大气中能长久保持其光泽的外观，优于银和镍。

镀铬层的硬度很高，其硬度在400~1200HV范围变化；镀铬层具有较好的耐热性，温度高于500℃开始氧化变色；温度高于700℃硬度开始降低；镀铬层具有很好的耐磨性能，干摩擦系数在所有金属中是最低的。

（2）镀铬层的分类及应用。按照镀铬层的性质及使用目的，可以分为以下几类。

①防护—装饰性镀铬层：俗称装饰铬或光亮铬，是在光亮的中间层表面上镀覆的薄层铬（0.25~0.5μm），与防护性底层一起构成防护—装饰性镀层。广泛用于汽车、自行车、家用电器、日用五金制品、仪器仪表等行业。经过抛光的镀铬层具有很高的反射系数，可用来制作反光镜。

②硬铬镀层：又称耐磨铬镀层，具有极高的硬度和耐磨性，镀覆在工件表面可提高其耐

磨性，延长使用寿命，如工、模、量、卡具和一些轴类、切削刀具等常镀硬铬。硬铬镀层还常用来修复被磨损零件的公差尺寸。

③乳白铬镀层：呈乳白色无光泽，镀层韧性好，孔隙少，裂纹少，色泽柔和，消光性能好，但硬度较低，常用于量具和仪器面板等镀铬。在乳白铬镀层表面再镀覆硬铬镀层称为双层铬镀层。它兼有乳白镀铬层和硬铬镀层的特点，多用于镀覆既要求耐磨又要求耐腐蚀的零部件。

④松孔铬镀层：在硬铬镀层的基础上，用化学或电化学方法将镀铬层的裂纹进一步加宽加深，以便储存润滑油脂，提高工件表面抗摩擦和磨损的能力。松孔铬镀层常用于承受重压的滑动摩擦件表面的镀覆，如内燃机汽缸筒内腔、活塞环等。

⑤黑铬镀层：具有良好的耐蚀性和消光性，而且硬度较高，耐磨性好，常用于镀覆航空仪表及光学仪器的零部件，太阳能吸收板及日用品的防护及装饰。

（3）镀铬过程的主要特点。

①镀铬溶液的主要成分不是金属铬盐，而是由铬酸组成，属强酸性电解液。在这种电解液中大部分电流消耗在六价铬还原为三价铬和析氢两个副反应上，因此，镀铬过程的阴极电流效率极低（$\eta_k=10\%\sim25\%$），并且随着阴极电流密度的增大、温度的降低以及铬酐浓度的下降电流效率提高，而且阴极过程也相当复杂。

②在铬酸电解液中，必须加入一定量的能起催化作用的"局外"离子，如SO_4^{2-}、SiF_6^{2-}、F^-等，才能实现金属铬的电沉积过程。

③与一般单金属电镀相比，镀铬使用的阴极电流密度要高出数倍至数十倍，因此通过电解槽的电流强度很大，通常在20A/dm²，同时在阴极和阳极上会析出大量的氢气和氧气，使得电解液的充气度很大，造成电解液的电导下降，所以槽电压很高，通常需要12V或更高的电源。

④镀铬阳极不用金属铬，而采用的是不溶性铅或铅合金阳极。

⑤镀铬电解液的分散能力极差，对于形状复杂的零件必须采用象形阳极、辅助阳极和保护阴极，才能得到厚度比较均匀的镀层。

⑥镀铬的阴极电流密度与镀液温度之间存在一定的依赖关系，通过改变两者的关系，在同一镀液中可以得到光亮铬镀层、乳白铬镀层和黑铬镀层等不同性能的镀铬层。

2. 六价铬镀铬工艺

（1）镀铬溶液的组成及工艺条件见表1-19。

表1-19 电镀暗镍的电解液组成及工艺条件

溶液组成及工艺条件	低浓度	中浓度	标准
铬酐（CrO_3）/（$g \cdot L^{-1}$）	80~120	150~180	250
硫酸（H_2SO_4）/（$g \cdot L^{-1}$）	0.8~1.2	1.5~1.8	3.0~3.5
三价铬（Cr^{3+}）/（$g \cdot L^{-1}$）	<2	1.5~3.6	2~5
氟硅酸/（$g \cdot L^{-1}$）	1~1.5		
温度/℃	55±2	55~60	50~60
阴极电流密度/（$A \cdot dm^{-2}$）	30~40	30~50	15~35
阳极材料	铅锡合金（Sn<5%）	铅或铅锑合金	铅或铅锑合金

（2）镀液中各成分的作用。

①铬酐：镀铬电解液中的主要成分，是铬镀层的来源。铬酐浓度对镀液的性能影响很大。一般生产中采用的铬酐浓度为150~400g/L。

高浓度镀铬电解液时，由于随工件带出损失严重，一方面造成原料的无谓消耗，同时还对环境造成严重的污染。但是低浓度电解液对杂质金属离子较为敏感，覆盖能力较差。铬酐浓度过高或过低都将使获得光亮镀层的温度与电流密度的范围缩小。

②硫酸根：铬酐与硫酸根的浓度比通常在100：1左右较为合适，在这一比值下镀铬的阴极电流效率最高，镀液的分散能力、覆盖能力及镀层光泽度都较好。当$CrO_3 : SO_4^{2-}$比值大于或小于这一比值时，都将使阴极电流效率下降。并且，比值太大时，铬镀层的光泽变差，沉积速度下降；比值太小时，覆盖能力下降，镀层裂纹增大。

（3）电极反应。

①阴极反应：

铬酐溶于水中后，有两种存在形式，在pH=2~6范围内，这两种形式之间存在化学平衡关系：

$$Cr_2O_7^{2-} + H_2O \Longrightarrow 2CrO_4^{2-} + 2H^+$$

镀铬电解液是强酸性电解液（pH<1），六价铬在溶液中主要是以重铬酸根（$Cr_2O_7^{2-}$）形式存在，也还有一定量的铬酸根（CrO_4^{2-}）。由此可以看出，镀铬电解液中存在的离子有$Cr_2O_7^{2-}$、H^+、CrO_4^{2-}和SO_4^{2-}。除SO_4^{2-}外，其他离子都可以参加阴极反应。

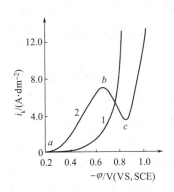

图1-4 铁电极在铬酸溶液中的阴极极化曲线
1—CrO_3 200g/L 2—CrO_3 200g/L+H_2SO_4 2g/L

如图1-4所示为铁电极在铬酸溶液中的阴极极化曲线，曲线1为镀液中不含硫酸，在阴极上仅析氢，不发生任何其他还原反应；曲线2镀液中含硫酸，在ab段，开始通电时，首先发生的是六价铬还原为三价铬的反应：

$$Cr_2O_7^{2-} + 14H^+ + 6e \Longrightarrow 2Cr^{3+} + 7H_2O$$

随着电极电位的负移，阴极电流增加，阴极表面有大量气泡产生，表明H^+被还原为氢气，其反应为：

$$2H^+ + 2e \Longrightarrow H_2\uparrow$$

在曲线bc段，上述两个反应同时进行。当电极电位负移到c点时，pH增大，CrO_4^{2-}便开始被还原成金属铬在阴极上析出，反应方程式为：

$$CrO_4^{2-}+4H^++6e \Longrightarrow Cr+4OH^-$$

由此可以看出，只有当阴极电极电位达到c点以后金属铬才能被还原析出。此时，在阴极上三个反映同时进行，随着阴极电位的负移，阴极电流迅速上升，反应速度加快，生成金属铬的主反应所占的比例逐渐增大，即随着阴极电流密度的增大，阴极电流效率增加。

②阳极反应：镀铬所用的是铅、铅锑或铅锡合金等不溶性阳极，这是镀铬不同于一般镀种的特点之一。铅或铅合金阳极的表面上生成一层黄色的二氧化铅膜，反应式如下：

$$Pb+2H_2O-4e \Longrightarrow PbO_2\downarrow+4H^+$$

这层膜不影响导电，阳极反应仍可正常进行，其电极反应如下：

$$2Cr^{3+}+7H_2O-6e \Longrightarrow Cr_2O_7^{2-}+14H^+$$

$$2H_2O-4e \Longrightarrow O_2\uparrow+4H^+$$

（4）工艺条件的影响。在镀铬过程中阴极电流密度与温度之间存在着相互依赖的关系。在生产中应使温度与电流密度相匹配，温度升高时电流密度也要相应升高。温度低而电流密度高，镀层易呈灰色并烧焦；反之温度高而电流密度低，则将没有镀铬层沉积。

当温度低、电流密度高时镀铬层的硬度高，耐磨性好，镀层的微裂纹也较多；温度高而电流密度低，则镀层的硬度较低，微裂纹也少，甚至没有。因此，在更高的温度和较低的电流密度下，可以得到硬度较低、韧性好，没有裂纹的乳白色镀铬层。

镀铬溶液的温度及电流密度对其阴极电流效率也有很大的影响。因此，镀硬铬时，在满足镀层性能要求的前提下，通常采用较低的温度和较高的阴极电流密度以获得较高的镀层沉积速度。

3. 镀铬工艺的新发展

传统镀铬工艺所使用的电解液都是用有剧毒的铬酐来配制的，电解液中铬酐的浓度很高，黏度又大，零件出槽时带出的铬酐较多。同时，在镀铬的过程中产生大量的气体，夹带着酸雾逸出。在镀铬过程中约有2/3铬酐消耗在废水和废气中，只有1/3左右的铬酐是用在铬镀层上。大量的废水和废气对环境造成了严重的污染。另外，传统的镀铬工艺也还存在不少缺点，如槽电压高、操作温度高、耗能大、阴极电流效率低以及电解液的分散能力和深镀能力弱等。

（1）低浓度铬酐镀铬工艺。低浓度镀铬工艺是指电解液中铬酐含量在30~60g/L的镀铬工艺。在铬酐的使用量上，它只有通常使用的标准镀铬工艺的1/5~1/8，既减轻了铬酐对环境的污染，又节约了大量的原材料。

低铬酐镀铬电解液的分散能力比常规镀铬电解液优异，但深镀能力却比较差，这给形状复杂的零件镀铬带来一定困难。低铬酐电解液由于铬酐含量低，使导电率下降，槽电压升高，需要使用12~18V的电源，因而耗能高，镀液升温快。低铬酐镀铬的阴极电流效率达到18%~20%，比常规镀铬（13%~16%）要高，另外，由于铬酐浓度的降低，镀液对杂质的敏感性增加，对铁、铜、锌等杂质的允许含量更低。

由于上述原因，使得低铬酐镀铬工艺的推广应用受到一定限制。

（2）三价铬盐镀铬。三价铬盐镀铬的研究已有一百多年的历史，但由于在电解液的稳定性和镀铬层的质量等方面，始终无法与铬酸镀铬电解液相比，因此一直未能用于生产。它的最大特点是电解液的毒性小，对环境污染小。

五、电镀锡

1. 概述

（1）锡镀层的性质及其应用。锡（Sn）是银白色金属，相对原子质量118.7，密度7.3g/cm³，熔点232℃，维氏硬度（HV）12，电导率9.09mS/m，25℃时Sn^{2+}/Sn的标准电势为-0.138V。

锡的化学稳定性高，在大气中耐氧化不易变色，与硫化物不起反应，几乎不与硫酸、盐酸、硝酸及一些有机酸的稀溶液反应，即使在浓盐酸和浓硫酸中也需加热才能缓慢反应。

25℃时，Sn^{2+}/Sn的标准电势为-0.138V，在电化序中比铁正，故锡镀层对钢铁来说通常是阴极性镀层。但在密封条件下，在某些有机酸介质中，锡的电势比铁负，成为阳极性镀层，具有电化学保护作用。

总体来说，锡具有抗腐蚀、耐变色、无毒、易钎焊、柔软、熔点低和延展性好等优点，所以，电镀锡的应用非常广泛。

因此，基于优良的延展性、抗蚀性，无孔锡镀层的主要用途是作为钢板的防护镀层。金属锡柔软，富有延展性，故轴承镀锡可起密合和减磨作用；汽车活塞环和气缸壁镀锡可防止滞死和拉伤。

密封条件下，在某些有机酸介质中，锡的电势比铁负，成为阳极性镀层，具有电化学保护作用。同时由于锡离子及其化合物对人体无毒，锡镀层广泛用于食品加工和储运容器的表面防护。

在电子工业中，利用锡熔点低，具有良好的可焊接性、导电性和不易变色，常以镀锡代镀银，广泛应用于电子元器，连接件、引线和印制电路板的表面防护。铜导线镀锡除提高可焊性外，还可隔绝绝缘材料中硫的作用。

锡镀层还有其他多种用途，如将锡镀层在232℃以上的热油中重熔处理后，可获得光亮的花纹锡层（冰花镀锡层），常作为日用晶的装饰镀层。

在某些条件下，锡会产生针状单晶"晶须"，会造成电路短路，另外，在低温环境中，锡容易发生"锡疫"，转变为粉末状的灰锡。在锡中共沉积铅、铋、锑等可以防止以上情况发生。

由于电镀锡层薄而均匀，能大大节约世界紧缺的锡资源，因而电镀锡得到迅速发展。据统计，目前电镀锡钢板占镀锡钢板总产量的90%以上。

（2）镀锡溶液的类型。镀锡溶液有碱性及酸性两种类型。碱性镀液成分简单并有自除油能力、镀液分散能力好、镀层结晶细致、孔隙少、易钎焊，但是需要加热、能耗大、电流效率低，镀液中锡以四价形式存在、电化当量低，镀层沉积速度比酸性镀液至少慢一倍，且一般为无光亮镀层。

以亚锡盐为主盐的酸性镀液具有平整光滑、可镀取光亮镀层、电流效率接近100%、沉积速度快、可在常温下操作、节能等优点，其缺点是分散能力不如碱性镀液，镀层孔隙率较大。

我国20世纪80年代以前几乎都采用高温碱性镀锡工艺。20世纪80年代以来，随着光亮剂的不断开发，使酸性光亮镀锡获得迅速发展。因其适用范围很宽，既可用于电子工业和食品工业制品的镀锡，也适合其他工业用的板材、带材、线材的连续快速电镀，故其产量远大于碱性镀锡，已趋于主导地位。

2. 硫酸盐镀锡

目前工业上应用的酸性镀锡液主要有硫酸盐镀液、氟硼酸盐镀液、氯化物—氟化物镀液、磺酸盐镀液等几种类型。以硫酸亚锡为主的硫酸盐镀液在目前应用最为广泛，其镀层质量良好、沉积速度快、电流效率高、镀液的分散能力好、原料易得、成本低。

（1）镀液组成及工艺条件见表1-20及表1-21。

表1-20　硫酸盐镀锡（普通镀锡）电解液组成及工艺条件

溶液组成及工艺条件	1	2
硫酸亚锡（SnSO$_4$）/（g·L^{-1}）	40~55	60~100
硫酸（H$_2$SO$_4$）/（mL·L^{-1}）	60~80	40~70
β-萘酚/（g·L^{-1}）	0.3~1	0.5~1.5
明胶/（g·L^{-1}）	1~3	1~3
温度/℃	15~30	20~30
阴极电流密度/（A·dm^{-2}）	0.3~0.8	1~4
搅拌方式	阴极移动	阴极移动

表1-21　硫酸盐镀锡（光亮镀锡）电解液组成及工艺条件

溶液组成及工艺条件	1	2	3	4
硫酸亚锡（SnSO$_4$）/（g·L^{-1}）	45~60	40~70	50~60	35~40
硫酸（H$_2$SO$_4$）/（mL·L^{-1}）		140~170	75~90	70~90
酚磺酸/（g·L^{-1}）	60~80			
40%甲醛/（mL·L^{-1}）	4.0~8.0			
OP-21/（mL·L^{-1}）	6.0~10			
组合光亮剂/（mL·L^{-1}）	4~20			
SS-820/（mL·L^{-1}）		15~30		
SS-821/（mL·L^{-1}）		0.5~1		
SNU-2AC光亮剂/（mL·L^{-1}）			15~20	
SNU-2BC稳定剂/（mL·L^{-1}）			20~30	
BH911光亮剂/（mL·L^{-1}）				18~20
HBV3稳定剂/（mL·L^{-1}）				20~22
温度/℃	10~20	10~30	5~45	8~40
阴极电流密度/（A·dm^{-2}）	0.3~0.8	1~4	1~4	1~4
搅拌方式	阴极移动	阴极移动	阴极移动	阴极移动

镀前处理：酸性硫酸盐镀锡镀层的质量与镀前处理有很大关系。镀前处理要彻底，除油液中最好不含硅酸钠。酸洗时不用盐酸和硝酸，可用1:5的硫酸溶液。对于黄铜零件，应预镀一层镍或紫铜打底，对于挂件，不一定要打底，但镀件入槽需要用冲击电流，以免加工的铜零件发生局部化学腐蚀。

（2）镀液中各成分的作用。

①硫酸亚锡：主盐，在允许范围内采用上限含量可提高阴极电流密度，加快沉积速度；但浓度过高则极化程度低，分散能力下降，光亮区缩小、镀层色泽变暗，结晶粗糙。

浓度过低则允许的阴极电流密度减小，生产效率降低，镀层容易烧焦。滚镀可采用较低浓度。

②硫酸：具有抑制锡盐水解和亚锡离子氧化，提高溶液导电性和阳极电流效率的作用。当硫酸含量不足时，Sn^{2+}易氧化成Sn^{4+}。它们在溶液中易发生水解反应：

$$SnSO_4 + 2H_2O \longrightarrow Sn(OH)_2 \downarrow + H_2SO_4$$

$$2SnSO_4 + O_2 + 6H_2O \longrightarrow 2Sn(OH)_4 \downarrow + 2H_2SO_4$$

从以上反应式可知，硫酸浓度的增加有助于减缓上述水解反应，但只有硫酸浓度足够大时才能抑制Sn^{2+}和Sn^{4+}的水解。

通常把Sn^{2+}/H_2SO_4控制在1:5左右。同时要注意保持较低的温度。

③光亮剂：各类光亮剂在镀液中能提高阴极极化作用，使镀层细致光亮。光亮锡镀层比普通锡镀层稍硬，并仍可以保持足够的延展性，其可焊性及耐蚀性良好。

当光亮剂不足时，镀层不能获得镜面镀层；当光亮剂过多时，镀层变脆、脱落，严重影响结合力和可焊性。但目前光亮剂的定量分析还有困难，只能凭霍尔槽试验及经验来调整。

早期，光亮镀锡层的获得是将暗锡镀层经232℃以上"重熔"处理。从20世纪20年代起人们就开始探索直接光亮电镀锡的方法，但直到1975年英国锡研究会采用以木焦油作为光亮剂，才为光亮镀锡工业化奠定了基础。近年来，镀锡光亮剂的研究很活跃，性能优良的添加剂不断涌现，我国在这方面的研究也取得了较大的进展。

目前的镀锡光亮剂都是多种添加剂的混合物，包括主光亮剂、载体光亮剂和辅助光亮剂三部分。

④稳定剂：镀液不稳定、易混浊是硫酸盐镀锡的主要缺点。如果不加稳定剂，镀液在使用或放置过程中，颜色逐渐变黄，最终发生混浊、沉淀。当镀液混浊后，镀层光泽性差、光亮区窄、可焊性下降，难以镀出合格产品；且该混浊物呈胶体状态，难以除去和回收，导致锡盐浪费。

稳定剂的选择原则如下：

a. 合适的Sn^{4+}、Sn^{2+}的络合剂以抑制锡离子的水解和Sn^{2+}的氧化，如酒石酸、酚磺酸、磺基水杨酸等有机酸和氟化物。

b. 比Sn^{2+}更容易氧化的物质（抗氧化剂）以阻止Sn^{2+}氧化，如抗坏血酸、V_2O_5与有机酸作用生成的活性低价钒离子等。

c. Sn^{4+}的还原剂，使Sn^{4+}还原为Sn^{2+}，如金属锡块，以及上述物质相互组合的混合物。

⑤其他添加剂：目前仍有不少产品使用无光亮酸性镀锡。该类镀液多选择明胶、β-萘酚、甲酚磺酸等为添加剂，以使镀层细致、可焊性好。

萘酚起提高阴极极化、细化晶粒、减少镀层孔隙的作用。由于这类添加剂是憎水的，含量过高时会导致明胶凝结析出，并使镀层产生条纹。

明胶主要作用是提高阴极极化和镀液分散能力、细化晶粒。与β-萘酚配合时有协同效应，使镀层光滑细致。明胶过高会降低镀层的韧性及可焊性，故镀锡层要求高可焊性时不应采用明胶，即使普通无光亮镀锡溶液，明胶的加入量也要严加控制。

（3）工艺条件的影响。

①阴极电流密度：根据镀液中主盐浓度、温度和搅拌情况等不同，光亮镀锡的电流密度可在1~4A/dm²范围内变化。电流效率一般可达100%。电流密度过高，镀层会变得疏松、粗糙、多孔，边缘易烧焦，脆性增加；电流密度过低，则得不到光亮镀层，且沉积速度降低而影响生产效率。

②温度：宜低不宜高。无光亮镀锡一般在室温下进行，而光亮镀锡宜在10~20℃下进行。因为Sn^{2+}的氧化和光亮剂的消耗均与温度有关。温度过高，Sn^{2+}氧化速度加快，混浊和沉淀增多，锡层粗糙，镀液寿命降低；光亮剂的消耗也随温度升高而加快，使光亮区变窄，镀层均匀性变差，严重时镀层变暗，出现花斑和可焊性降低。

温度过低，工作电流密度范围变小，镀层易烧焦，并使电镀的能耗增大。加入能良好的稳定剂可提高工作温度的上限值。

③搅拌：光亮镀锡应采用阴极移动或搅拌，阴极移动速率为15~30次/min，这有助于镀取镜面光亮镀层和提高生产效率。但为防止Sn^{2+}氧化，禁止用空气搅拌。

④阳极：酸性镀锡阳极通常采用99.9%以上的高纯锡。纯度低的阳极易产生钝化，会促进溶液中Sn^{2+}被氧化成Sn^{4+}，从而导致Sn^{4+}的积累和镀液混浊。同时要求晶粒细小，为达到这个要求，一般用铸造法或辊压法制备阳极。铸造法制备阳极时最好用冷水迅速冷却，以防止锡晶粒粗大。

为限制阳极电流，防止阳极钝化，阴阳极面积比一般选在约1：2。为防止阳极泥渣影响镀层质量，可用耐酸的阳极袋。

⑤有害杂质的去除：Cl^-、NO_3^-、Cu^{2+}、Fe^{2+}、As^{3+}、Sb^{3+}等杂质对酸性光亮镀锡层质量有明显影响，使镀层发暗、孔隙增多，要注意防止。金属离子一般是由被镀金属溶解在强酸性镀液中引入的，可以用预镀镍打底层或冲击电流的方式减少这些离子的引入。金属离子杂质可用小电流密度（如0.2A/dm²）长时间通电处理去除。但尚无有效去除Cl^-、NO_3^-的方法。酸性光亮镀锡对NH_4^+、Zn^{2+}、Ni^{2+}、Cd^{2+}等不敏感。

⑥镀液维护。

a.为防止锡离子水解而使溶液混浊，必须控制锡离子与游离硫酸的含量比在1：5左右，同时应保持镀液温度较低。

b.镀件入槽要用冲击电流，特别是复杂的零件，防止因镀液的强酸性使零件深凹处腐蚀而污染镀液。

c.光亮剂要勤加少加，混浊的光亮剂不能使用，每次净化处理后的镀液要加适量的分散剂。

d.定期用不含Cl^-的活性炭（0.5~1g/L）或处理剂净化过滤镀液。

e.停镀时阳极不必取出，镀槽要加盖，防止过多接触空气，以延缓Sn^{2+}的氧化。

3. 碱性镀锡

在碱性条件下，锡以SnO_3^{2-}的形式存在。碱性镀锡的镀层与基体金属的结合力好，对镀前的清洗工作要求不高，镀锡液以锡酸钠（或锡酸钾）与氢氧化钠（或氢氧化钾）为主要组成，成分简单，溶液相对容易控制，镀层的分散能力极强，对于形状复杂，有孔洞凹坑的零件非常适合。镀层结晶细致、孔隙少、易钎焊。镀液对钢铁设备无腐蚀性，又具有一定除的油能力，因而，长期以来是工业上获取无光亮镀锡层的主要工艺。

碱性镀锡的主要缺点是：镀液中锡以4价形式存在、电化当量低，且电流效率较低（70%左右），故镀层沉积速度比酸性镀液至少慢一倍；加之镀液工作温度较高、需要加热，因而能耗大；镀层光亮性差，如要提高锡镀层表面光洁度、光亮度及抗氧化能力，则必须在碱性镀锡后加一道热熔工序。

（1）镀液组成及工艺条件见表1-22。碱性镀锡溶液有钠盐和钾盐两大类。二者的主要区别是钾盐体系的溶液性能比钠盐体系好。这是由于锡酸钾在水中的溶解度较高，且随温度升高而增加，而锡酸钠正相反。故钾盐体系可采用高浓度锡酸钾，使用高的工作温度和阴极电流密度，阴极电流效率和溶液导电性也比较高。但钾盐溶液成本高。所以，用哪一种体系，要根据产品特点和生产条件来确定。

表1-22 碱性镀锡电解液组成及工艺条件

溶液组成及工艺条件	1	2	3	4
锡酸钠（$Na_2SnO_3 \cdot 3H_2O$）/（$g \cdot L^{-1}$）	95~110	20~40		
氢氧化钠（NaOH）/（$g \cdot L^{-1}$）	7.5~11.5	10~20		
锡酸钾（K_2SnO_3）/（$g \cdot L^{-1}$）			95~110	195~220
氢氧化钾（KOH）/（$g \cdot L^{-1}$）			13~19	15~30
醋酸钠（或醋酸钾）/（$g \cdot L^{-1}$）	0~20	0~20	0~20	0~20
温度/℃	60~85	75~85	65~90	70~90
阴极电流密度/（$A \cdot dm^{-2}$）	0.3~3.0	0.2~0.6	3~10	10~20
阳极电流密度/（$A \cdot dm^{-2}$）	2~4	2~4	2~4	2~4
槽电压/V	4~8	4~12	4~6	4~6
锡阳极纯度	>99%	>99%	>99%	>99%
阴、阳极面积比	2:1	2:1	2:1	2:1

（2）镀液中各主要成分的作用。

①锡酸盐：锡酸钠（钾）是主盐。主盐浓度增大有利于提高阴极电流密度，加快沉积速度。但主盐浓度过高时，阴极极化作用降低，镀层粗糙，溶液的带出和其他损耗均增加，成本提高；主盐浓度过低时，虽能提高溶液的分散能力，镀层洁白细致，但阴极电流密度、阴极电流效率和沉积速度都明显下降。一般以控制主盐中锡的含量在40g/L左右为好（快速电镀中可高达80g/L，滚镀时则可适当降低些），此时既有较高的镀液分散能力，又可得到结晶细致的镀层。锡酸钠的含锡量应在41%以上，锡酸钾的含锡量应在38%以上，以保证主盐的质量。

②氢氧化钠（钾）：苛性碱是碱性镀锡不可缺少的成分，除能提高溶液导电性外，其主要作用如下。

a.防止锡酸盐的水解。锡酸钠（钾）是弱酸强碱盐，易水解：

$$Na_2SnO_3 + 2H_2O \longrightarrow H_2SnO_3\downarrow + 2NaOH$$

$$K_2SnO_3 + 2H_2O \longrightarrow H_2SnO_3\downarrow + 2KOH$$

在镀液中保持一定量的游离碱，可使上述水解反应向左进行，从而防止锡酸盐的水解，起到稳定溶液的作用。

b.使阳极正常溶解。当阳极电流密度和镀液温度在规定范围内时，保持一定游离碱量可使阳极以Sn^{4+}正常溶解，即进行如下阳极反应：

$$Sn + 6OH^- \longrightarrow SnO_3^{2-} + 3H_2O + 4e$$

游离碱含量过高时，阳极电流效率降低，阳极不易保持金黄色，出现Sn^{2+}的阳极溶解，镀层质量下降，镀液不稳定；而其含量过低时，阳极易钝化，镀液分散能力下降，镀层易烧焦，同时镀液中还会出现锡酸盐的水解。通常控制游离碱量在7~20g/L为宜。

c.抑制空气中二氧化碳的有害影响。镀液中的$[Sn(OH)_6]^{2-}$络离子能吸收空气中的二氧化碳，按下式分解：

$$[Sn(OH)_6]^{2-} + CO_2 \longrightarrow SnO_2 + CO_3^{2-} + 3H_2O$$

保持一定量的游离碱可吸收空气中的二氧化碳，生成碳酸钠（钾），可抑制二氧化碳对主盐的影响。

d.使$[Sn(OH)_6]^{2-}$电离度降低，提高阴极极化。

当游离碱浓度过高时，会使阳极的钝化膜溶解，此时应加入少量的冰乙酸来调整。含量低时，阳极的表面会结一层壳垢，此时应补加一定量的氢氧化物。

③醋酸钠（钾）。某些镀锡溶液中加入醋酸盐，以期达到缓冲作用，实际上碱性镀锡液中pH为13，呈强碱性，醋酸盐不可能起缓冲作用。但是，生产中常用醋酸来中和过量的游离碱，起控制游离碱的作用，故在镀液中总是有醋酸盐存在。

④双氧水。双氧水是在生产中出现阳极溶解不正常，产生Sn^{2+}时作为补救措施而加入，以防止形成灰暗甚至海绵状的沉积层，因为双氧水可以将溶液中的Sn^{2+}氧化成Sn^{4+}。少量双氧水在镀液中会很快分解而不永久残留，其加入量视Sn^{2+}的多少而定，一般为1~2mL/L，如加入过多会降低阴极电流效率。也可以加入少量（如0.2g/L）过硼酸钠氧化Sn^{2+}。

（3）电极反应。

①阴极反应。碱性镀锡液中锡以$[Sn(OH)_6]^{2-}$络离子的形态存在。它通过下列反应生成：

$$Na_2SnO_3 + 3H_2O \longrightarrow Na_2[Sn(OH)_6]$$

$$Na_2[Sn(OH)_6] = 2Na^+ + [Sn(OH)_6]^{2-}$$

阴极反应主要是络离子在阴极上还原为锡：

$$[Sn(OH)_6]^{2-} + 4e \longrightarrow Sn + 6OH^-$$

当镀液中Sn^{2+}与氢氧化钠作用生成的$[Sn(OH)_6]^{2-}$络离子，比$[Sn(OH)_6]^{2-}$更容易在阴极还原，并使镀层质量恶化。故防止Sn^{2+}的干扰，是碱性镀锡获得正常镀层的关键。阴极过程的副反应是析氢反应：

$$2H_2O+2e \longrightarrow 2OH^-+H_2\uparrow$$

因此，碱性镀锡的阴极电流效率在60%~85%之间，钾盐镀液高于钠盐镀液。

②阳极反应。碱性镀锡液中的Sn^{2+}主要来源于阳极的不正常溶解，故必须掌握阳极溶解特性。在阳极电势较低时，随电势升高，电流密度明显增大，此时阳极以亚锡形态溶解：

$$Sn+4OH^- \longrightarrow \left[Sn(OH)_6\right]^{2-}+2e$$

阳极表面呈灰白色，镀层是疏松、粗糙、多孔的灰暗层或海绵层。

当电流密度达到某一临界值时，电势急剧升高，阳极上形成金黄色膜，并以正常的锡酸盐（即Sn^{4+}）形式溶解：

$$Sn+6OH^- \longrightarrow \left[Sn(OH)_6\right]^{2-}+4e$$

该临界电流密度即是锡阳极的致钝电流密度。如果阳极电流密度继续增加，金黄色膜将逐渐转变为黑色膜，使阳极完全钝化状态而不再溶解，阳极上只发生析出氧气的反应：

$$4OH^- \longrightarrow O_2\uparrow+2H_2O+4e$$

这时，因锡离子得不到补充，镀液中的锡盐浓度下降，影响溶液稳定性和镀层质量。黑膜太厚时需用酸溶解除去。

由上可知，电镀时必须首先使阳极电流密度达到并略高于阳极致钝电流密度，然后调整到规定的工作电流密度范围，使阳极经常保持金黄色膜，才能保证阳极溶解的是Sn^{4+}。这是生产中工艺操作中的关键。致钝电流密度值取决于镀液的组成及温度。增加游离碱和提高温度，能使致钝电流密度增大；降低游离碱及温度则反之。

通常最佳阳极电流密度范围为2.5~3.5A/dm²，镀液中的锡含量、碳酸盐、醋酸盐等对此几乎无影响。

（4）工艺条件的影响。

①电流密度：提高阴极电流密度可相应提高沉积速度，但阴极电流密度过高时，阴极电流效率显著下降，而且镀层粗糙、多孔及色泽发暗；阴极电流密度过低时，沉积速度减小。阴极电流密度的高低应根据镀液温度、锡酸盐浓度、游离碱含量及锡酸盐类型（钠盐或钾盐）确定。

阳极电流密度过低会使得阳极的钝化膜消失，因此要注意电流密度的调节。若阳极表面发黑表明阳极电流密度过高，应调节电流密度，并应取出阳极，用酸清洗至洁净。

②温度：提高温度能使阳极和阴极电流效率增加，并可得到较好的镀层。但温度过高，能源消耗大，镀液损耗多，同时阳极也不易保持金黄色膜，易产生Sn^{2+}而影响镀层质量和镀液稳定性；温度过低将影响阳极的正常溶解，并使阴极电流效率及沉积速度下降。降低温度时，必须相应地降低阴极电流密度，才能保证镀层质量。碱性镀锡溶液一般工作温度在60~90℃，钾盐体系镀液允许采用的温度较钠盐体系略高。

③镀液维护与外来杂质的去除：锡酸盐镀液对外来杂质不敏感，主要有害杂质是Sn^{2+}。Sn^{2+}的含量超过0.1g/L，就会明显影响镀层质量。所以，碱性镀锡液相当稳定，只要控制好游离碱及防止Sn^{2+}的产生，一般不会出现故障。

第六节　贵金属电镀

一、电镀银

电镀贵金属在电镀生产中占有十分重要的地位，它包括电镀金、银、铂族稀贵金属（铂、铱、钌、铑、钯等）及它们的合金。贵金属镀层具有许多优良的特性，如稳定性高、导电性好、接触电阻小、可焊性好、反射性好及优异的装饰性。因此，贵金属镀层广泛用于电子工业的各种产品，如印制线路板、电子元器件、半导体器件以及金属饰品的装饰。在贵金属电镀中，应用最广的是电镀银，其次是电镀金。

1. 概述

银是一种白色金属，密度10.5g/cm³（20℃），熔点960.5℃，相对原子质量107.9，标准电极电位Ag^+ / Ag为+0.799V，对于大多数基体金属（钢、铁及铜基金属）来说，银镀层是阴极性镀层。

银可锻、可塑，在金属中银的电阻率极小，具有优良的导电、导热性，焊接性能良好。并且易抛光，有极强的反光能力，被抛光的银层具有较强的反光性和装饰性，因此镀银层常被用作反光镜、餐具、乐器、首饰等。作为良好的导体，银广泛应用于仪器、仪表及电子工业，以减少零部件之间的接触电阻，提高金属的焊接能力。

银的化学稳定性较强，在碱液和某些有机酸中十分稳定，但易溶于硝酸和热的浓硫酸。在含有卤化物、硫化物的空气中，银层表面很快变色，破坏其外观和反光性能，并改变其性能。因而镀银后一般都要进行镀后防变色处理以隔绝银层直接接触有害介质。

对电气性能要求高，又与绝缘材料直接接触的零件，采用镀银层要慎重，因为银原子会沿绝缘材料表面滑移并向内部渗透，从而降低绝缘材料的性能。另外银在潮湿大气中易产生"银须"造成短路，影响设备可靠性。银合金镀层在改善镀银层性能方面起到了重要作用。

2. 零件镀银前的表面准备

镀银件的基体一般多为铜及铜合金，也有一些钢铁件，它们的标准电极电位均比银负得多，当它们与镀银电解液接触时，将发生置换反应，在零件表面生成一层置换银层。

目前生产上对铜及铜合金件常用的方法有浸银和预镀银，对于钢铁件或其他金属件则先镀一层铜，然后按铜件进行处理。

（1）浸银：浸银溶液由银盐、络合剂或添加剂组成，其组成及工艺条件见表1-23。络合剂的含量很高，而银离子的含量则较低，其目的是增大银离子还原为金属银的阻力，减缓置换反应的速度，使零件表面产生的银层比较致密，并有良好的结合力。

表1-23　浸银溶液组成及工艺条件

溶液组成及工艺条件	1	2
硝酸银（$AgNO_3$）/（$g \cdot L^{-1}$）	15~20	
硫脲［$CS(NH_2)_2$］/（$g \cdot L^{-1}$）	200~220	
金属银（以Ag_2SO_4的形式加入）/（$g \cdot L^{-1}$）		0.5~0.6
无水亚硫酸钠（Na_2SO_3）/（$g \cdot L^{-1}$）		100~200

溶液组成及工艺条件	1	2
pH	4	
温度/℃	15~30	15~30
时间/s	60~120	3~10

（2）预镀银：在专用的镀银溶液中，在零件表面镀上一层很薄而结合力好的银层，然后再电镀银，这样就不会有置换银层产生了。

3. 氰化物镀银

氰化物镀银是最早的一个电镀工艺之一，1840年英国人Elkington获得了氰化物电解镀银专利，标志着电镀工业的开始，至今已有近160年的历史，在镀银生产中氰化物电解液仍然占据着主导地位。

（1）氰化镀银电解液组成及工艺条件见表1-24。氰化镀银电解液主要是由银氰络盐和一定量的游离氰化物组成。该镀液的分散能力和深镀能力都较好，镀层呈银白色，结晶细致。加入适当的添加剂，可得到光亮镀层或硬银镀层。缺点是氰化物有剧毒，生产时需要有排风和废水处理设备。

表1-24　氰化镀银电解液组成及工艺条件

溶液组成及工艺条件	1	2	3	4
氯化银（AgCl）/（g·L⁻¹）	30~40	55~65		
氰化银（AgCN）/（g·L⁻¹）			80~100	
氰化钾（KCN）（总）/（g·L⁻¹）	60~80		100~120	195~220
氰化钾（KCN）（游离）/（g·L⁻¹）	35~45	65~75		15~30
碳酸钾（K₂CO₃）/（g·L⁻¹）			20~30	0~20
酒石酸钾钠（NaKC₄H₄O₆·4H₂O）/（g·L⁻¹）		25~35		
1，4-丁炔二醇（C₄H₆O₂）/（g·L⁻¹）		0.5		
2-巯基苯并噻唑（C₇H₅NS₂）/（g·L⁻¹）		0.5		
温度/℃	10~35		30~50	15~30
阴极电流密度/（A·dm⁻²）	0.1~0.5		0.5~3.5	1~2
阴极移动/（次·min⁻¹）			20	20
适应范围	普通镀银	光亮镀银	快速镀厚银	镀硬银

银是正电性较强的金属；并且银离子在还原时的交换电流密度又较大，也就是阴极电化学极化较小，所以，从简单盐电解液中沉积的银镀层结晶粗大。为了获得结晶细致、紧密的银镀层，必须采用络合物电解液。

（2）电解液中各成分的作用。

①银盐：镀银电解液中的主盐，它可以氯化银、氰化银或者是硝酸银的形式加入。提高镀液中银盐的浓度可提高阴极电流密度，从而提高沉积速度，因此，快速镀银采用较高浓度

的银盐。

②氰化钾：是络合剂，通常使用氰化钾作络合剂而不用氰化钠。因为钾盐的导电能力比钠盐好，允许使用较高的电流密度，阴极极化作用稍高，镀层均匀细致。另外，在电镀过程中氰化物会形成碳酸盐，在溶液中积累，但钾盐的溶解度比钠盐大。

电解液中氰化钾的含量除保证形成络离子 $[Ag(CN)_2]^-$ 所需要的量外，还应有一定的游离量，以保证络离子的稳定。阴极极化增大，镀层结晶细致，镀液的分散能力和深镀能力都好，阳极溶解正常。

③碳酸钾：强电解质，能够提高镀液的电导，增大阴极极化，有助于电解液的分散能力。

④酒石酸钾钠：可以防止银阳极钝化，促进阳极溶解并提高阳极电流密度，还能使镀层具有光泽。

⑤酒石酸锑钾：可以提高银镀层的硬度。

⑥光亮剂：在典型的氰化镀银工艺中1，4-丁炔二醇和2-巯基苯并噻唑是光亮剂，它们能够吸附在阴极表面，增大阴极极化，使镀层结晶细致，并可使银镀层的结晶定向排列，呈现镜面光泽。

（3）电极反应。

①阴极反应：阴极的主反应为 $[Ag(CN)_2]^-$ 还原为金属银。

$$[Ag(CN)_2]^- + e = Ag\downarrow + 2CN^-$$

此外，还有析氢副反应：

$$2H_2O + 2e = 2OH^- + H_2\uparrow$$

②阳极反应：氰化镀银采用金属银作可溶性阳极，因此阳极的主反应为银的电化学溶解。

$$Ag - e = Ag^+$$

溶解下来的 Ag^+ 又与游离的 CN^- 形成络合离子：

$$Ag^+ + 2CN^- = [Ag(CN)_2]^-$$

当发生阳极钝化时，还会有析氧反应发生。

$$4OH^- - 4e = O_2\uparrow + 2H_2O$$

（4）工艺条件的影响。

①温度：氰化物镀银通常在室温下操作。

②阴极电流密度：电流密度与镀液中银离子的含量、氰化钾的游离量、温度和搅拌条件有关。

③搅拌：能够降低浓差极化，提高阴极电流密度上限，提高沉积速度。

二、电镀金

1. 概述

金是金黄色贵金属，相对原子质量196.97，密度-19.3g/cm³，熔点为1063℃，原子价态有一价和三价，标准电极电位分别为+1.68V、+1.50V。金具有极高的化学稳定性，不溶于普通酸，只溶于王水。

$$Au + 4HCl + HNO_3 = HAuCl_4 + 2H_2O + NO\uparrow$$

金镀层耐蚀性强，有良好的抗变色能力，同时金合金镀层有多种色调，并且镀层的延展性好，易抛光，故常用作装饰性镀层，如镀首饰、钟表零件、艺术品等。

金的导电性好，易于焊接，耐高温，并具有一定的耐磨性（指硬金）。金的导热率为银的70%。因而广泛应用于精密仪器仪表、集成电路、军用电子管壳、电接点等要求电参数性能长期稳定的零件的电镀。

镀金层根据不同的方式可作如下分类：

（1）按镀层纯度分类：按镀层纯度可分为纯金和K金镀层。

（2）按镀层用途分类：按用途可分为装饰金、可焊金和耐磨金镀层。

（3）按镀层厚度分类：按镀层厚度可分为薄金和厚金镀层。

（4）按镀液类型分类：镀金液可分为氰化物镀金（包括碱性、中性和弱酸性镀金）和无氰镀金。

2. 氰化物镀金

（1）碱性氰化镀金电解液组成及工艺条件见表1-25。碱性氰化物镀金溶液中含有过量的氰化物，具有较强的阴极极化作用，镀液的分散能力和深镀能力良好，但镀层孔隙多。

表1-25　碱性氰化镀金电解液组成及工艺条件

溶液组成及工艺条件	1	2	3	4
氰化金钾 $[KAu(CN)_2]$ /$(g \cdot L^{-1})$	3~5	4~12	4	1~5
氰化钾（KCN）（总）/$(g \cdot L^{-1})$	15~25	30		
氰化钾（KCN）（游离）/$(g \cdot L^{-1})$	3~6		16	8~10
碳酸钾（K_2CO_3）/$(g \cdot L^{-1})$		30	10	100
磷酸氢二钾（K_2HPO_4）/$(g \cdot L^{-1})$		30		
钴氰化钾 $[K_3Co(CN)_6]$ /$(g \cdot L^{-1})$			12	
氢氧化钠（NaOH）/$(g \cdot L^{-1})$				1
pH		12		
温度/℃	60~70	50~65	70	55~60
阴极电流密度/$(A \cdot dm^{-2})$	0.2~0.3	0.1~0.5	2	2~4

（2）电解液中各成分的作用。

①金含量的影响：金是镀金的成膜物质，是镀金液的主要成分。金含量偏低，所得金镀层的结晶较细，允许的阴极电流密度范围的上限值较小；镀液金含量过高，金镀结晶较粗。

②氰化钾：是主要的配位剂，可以促进阳极正常溶解。氰化钾含量偏低时，阳极溶解不良，镀层颜色加深，结晶变粗；氰化钾含量偏高时，镀液中金的含量增加，镀层颜色较浅。

③碳酸钾：是导电盐。由于空气中二氧化碳的作用，镀液中的碳酸盐会逐渐增加，含量过高时，镀层会产生斑点。

④磷酸氢二钾：是一种导电盐，既有提高镀液导电能力的作用，又是一种缓冲剂，并能改善镀层光泽。

⑤钴氰化钾或镍氰化钾：这两种成分的加入量都很小，它们的作用主要是改变镀层的结

构，从而提高镀层的硬度或光亮度。

⑥钠离子：镀液中存在Na^+时会导致阳极钝化，使溶液呈褐色，所以氰化物镀金液要避免使用氰化钠而使用氰化钾。

（3）电极反应。在碱性氰化物镀金电解液中金是以$[Au(CN)_2]^-$络阴离子形式存在，并在阴极上还原为金，反应方程式为：

$$[Au(CN)_2]^-+e \Longrightarrow Au+2CN^-$$

此外，还有析氢副反应：

$$2H_2O+2e \Longrightarrow 2OH^-+H_2\uparrow$$

当采用纯金板作阳极时，阳极的主反应为金的电化学溶解，随后Au^+与CN^-生成络离子，反应方程式为：

$$Au-e \Longrightarrow Au^+$$

$$Au^++2CN^- \Longrightarrow [Au(CN)_2]^-$$

当阳极电流密度过高阳极发生钝化，或采用不溶性阳极时，会有氧气析出，反应方程式为：

$$4OH^--4e \Longrightarrow O_2\uparrow+2H_2O$$

（4）工艺条件的影响。

①阳极材料：阳极一般采用含金99.%的纯金板，或者用不溶性阳极，如铂、镀铂的钛或不锈钢。

②温度：对允许电流密度上限和镀层外观色泽有明显的影响。升高温度，能加大允许的阴极电流密度范围，但超过70℃，镀层呈赤黄色发暗，结晶变粗。

③阴极电流密度：对镀层的外观色泽有明显的影响，氰化镀金一般采用较低的阴极电流密度。阴极电流密度太高，阴极会大量析氢，镀层松软，带赤黄色甚至变粗，还可能有金属杂质的共析。

3. 柠檬酸盐酸性和中性镀金

（1）柠檬酸盐酸性和中性镀金电解液组成及工艺条件见表1-26。

表1-26 柠檬酸盐酸性和中性镀金电解液组成及工艺条件

溶液组成及工艺条件	1	2	3	4
氰化亚金钾 $[KAu(CN)_2]/(g\cdot L^{-1})$	12~14	4~10	6~8	20
柠檬酸钾 $(K_3C_6H_5O_7)/(g\cdot L^{-1})$	30~40			
柠檬酸 $(H_3C_6H_5O_7)$（游离）$/(g\cdot L^{-1})$	16~48			
柠檬酸铵 $[(NH_3)_3C_6H_5O_7]/(g\cdot L^{-1})$		100~120		
酒石酸锑钾 $[KSb(H_4C_4O_6)_3]/(g\cdot L^{-1})$		0.05~0.3		
氰化镍钾 $[K_3Ni(CN)_4]/(g\cdot L^{-1})$			2~4	
磷酸氢二钾 $(K_2HPO_4)/(g\cdot L^{-1})$				40
磷酸二氢钾 $(KH_2PO_4)/(g\cdot L^{-1})$			25~30	10
pH	4.8~5.1	5.2~5.8	6.5~7.5	6.5~10.5
温度/℃	50~60	30~40	40~60	60~70
阴极电流密度/ $(A\cdot dm^{-2})$	0.1~0.3	0.2~0.5	0.1~0.2	0.2~0.4

在柠檬酸盐酸性和中性镀金电解液中金是以 $[Au(CN)_2]^-$ 络阴离子形式存在，该络阴离子在阴极上还原为金。所以这类镀液的性能与碱性氰化物镀液基本相同。镀液稳定性高，毒性小，由于氰离子浓度很低，通常也称为低氰镀金电解液。获得镀层光亮平滑、硬度高、耐磨性好、孔隙率低、可焊性好。此工艺特别适用于印制电路板电镀。

（2）镀液中各成分的作用及工艺条件对镀层的影响。

①氰化亚金钾：是镀液的主要成分之一。含量不足时，允许电流密度太低，镀层呈暗红色；含量过高，镀层发花。

②柠檬酸及其盐：是主配位剂，兼有缓冲作用。与金形成配合物，可以提高阴极极化作用，使金镀层结晶细致光亮。含量低时，溶液导电性和均镀能力差；含量过高时，阴极电流效率下降，并容易使镀液老化。

③酒石酸锑钾和氰化镍钾：少量加入酒石酸锑钾和氰化镍钾可以大大提高镀层硬度，使镀层光亮、耐磨。在电镀过程中钾、镍可以微量地与金共沉积为金合金，但并不与金共沉积进入镀层，而只是改变镀层结构。

（3）电极反应。在柠檬酸盐酸性和中性镀金电解液中金是以 $[Au(CN)_2]^-$ 络阴离子形式存在。

阴极反应：

$$[Au(CN)_2]^- + e == Au + 2CN^-$$

阳极反应：

$$2H_2O + 2e == 2OH^- + H_2\uparrow$$

采用不锈钢作为不溶性阳极。

（4）工艺条件的影响。

①温度：主要影响电流密度范围。升高温度，可提高电流密度上限，提高沉积速度。但温度过高，镀层色泽不均匀，镀层易发红且粗糙；温度太低，镀层不亮。

②阳极材料：此工艺由于氰离子浓度低，对金阳极溶解作用差，因此这类电解液多采用阳极材料，多采用不溶性阳极，如铂、钛及不锈钢。若采用不锈钢，使用前必须进行电解或机械抛光，否则会产生腐蚀而污染镀液。

③pH：须严格控制镀液的pH，以获得满意的镀金层色泽。

④镀液定期分析：由于阳极为不溶性电极，故必须定期分析金含量，及时补加。

4. 亚硫酸盐镀金

（1）亚硫酸盐镀金电解液组成及工艺条件见表1-27。亚硫酸盐镀金是一种无氰镀金新工艺。电解液是络合物电解液，金以$KAu(SO_3)_2$的形式加入，络合剂可以是亚硫酸铵或亚硫酸钠。亚硫酸盐镀金电解液是非氰化物镀液，镀液无毒，分散能力和覆盖能力好，镀层有良好的整平性和延展性，镀层细致光亮，孔隙少，焊接性良好，与铜、银、镍等基体金属结合力好。不足之处是镀液稳定性不如含氰镀液，而且硬金耐磨性差，接触电阻变化较大。

表1-27 亚硫酸盐镀金电解液组成及工艺条件

溶液组成及工艺条件	1	2	3
氯化金（AuCl$_3$）/（g·L^{-1}）	5~25	15~35	5~10
亚硫酸铵［（NH$_4$）$_2$SO$_3$］/（g·L^{-1}）	200~300		150~250
亚硫酸钠（Na$_2$SO$_3$）/（g·L^{-1}）		120~150	
柠檬酸钾（K$_3$C$_6$H$_5$O$_7$）/（g·L^{-1}）	100~150		100~150
柠檬酸铵［（NH$_4$）$_3$C$_6$H$_5$O$_7$］/（g·L^{-1}）		70~90	
EDTA二钠盐/（g·L^{-1}）		50~70	
硫酸钴（CoSO$_4$）/（g·L^{-1}）		0.5~1.0	
酒石酸锑钾［KSb（H$_4$C$_4$O$_6$）$_3$］/（g·L^{-1}）			0.05~0.1
pH	8.5~9.5	6.5~7.5	8~9
温度/℃	45~65	室温	15~30
阴极电流密度/（A·dm^{-2}）	0.1~0.8	0.2~0.3	0.1~0.4
搅拌方式	移动阴极	空气搅拌	移动阴极

（2）镀液中各成分作用。

①金的含量：金离子含量较高，允许电流密度变高；金离子含量过低，允许电流密度范围变窄，镀层色泽差。

②亚硫酸铵：是一种还原剂，把三价金还原成一价金。同时它又是一种配位剂，和金离子生成亚硫酸金铵配合物，从而提高阴极极化，改善镀液的均镀和深镀能力。

③柠檬酸钾：有配位和缓冲pH两种作用，可以改善金镀层和基体金属的结合力。

（3）电极反应。金以［Au（SO$_3$）$_2$］的形式存在于镀液中。

阴极反应：

$$［Au（SO_3）_2］+3e \rightleftharpoons Au+2SO_3^-$$
$$2H^++2e \rightleftharpoons H_2\uparrow$$

采用不溶性阳极。

阳极反应：

$$2H_2-4e \rightleftharpoons 4H^++O_2\uparrow$$

（4）工艺条件的影响。

①pH：应严格控制镀液的pH>8，这是保证镀液稳定的根本因素。当pH<6.5时，镀液将随时出现混浊，这时可用氨水或氢氧化钾调整；当pH>10时，镀层呈暗褐色，应立即加柠檬酸调整。

②温度：升温可以提高电流密度上限值，提高电流效率。但升温时要防止局部过热，使溶液分解而析出硫化金沉淀。

第七节 合金电镀

一、电镀铜锌合金

1. 概述

铜锌合金镀层俗称黄铜镀层，一般含铜68%~75%，含锌25%~32%。电镀铜锌合金在工业上已应用了100年左右。除了由于它具有美丽的金黄色外观可用于装饰外，还作为提高钢铁件与橡胶结合力的中间镀层（0.5~2.5μm）以及减摩镀层。

由于铜与锌的标准电势相差甚大，从简单盐镀液中难以共同沉积，因此，只能用络合物来调整使铜和锌离子析出电势接近。这样才有利于铜和锌共同沉积。

作为装饰用，一般在光亮镍镀层上闪镀一层很薄的铜锌合金镀层（1~2μm），以达到装饰的目的。如果还要在铜锌合金镀层表面上着色或制作花纹，则需按镀件要求镀得较厚。

铜锌合金镀层在大气中变色很快，因此，镀后必须用流动水和纯水分别清洗干净，然后进行钝化处理和涂覆有机涂料。

铜锌合金镀液主要分有氰化物和无氰化物两种类型，高氰化物镀铜锌合金镀液由于毒性太大，逐渐被弃用，目前主要用少量氰化钠和焦磷酸钾溶液混合使用的微氰镀铜锌合金镀液或者无氰镀铜锌合金镀液。

2. 氰化物镀铜锌合金

（1）氰化物镀铜锌合金电解液组成及工艺条件见表1-28。

表1-28 氰化物镀铜锌合金电解液组成及工艺条件

溶液组成及工艺条件	1	2	3	4
氰化亚铜（CuCN）/（g·L^{-1}）	30~40	26~33	4~8	6~10
氰化锌［Zn（CN）$_2$］/（g·L^{-1}）	6~8	4~6		
氰化钠（NaCN）/（g·L^{-1}）	55~75	42~60	6.5~12	9~14
氰化钠（NaCN）（游离）/（g·L^{-1}）	15~21	6~8	1.5	1.5~4
酒石酸钾钠（KNaC$_4$H$_4$O$_6$·4H$_2$O）/（g·L^{-1}）	10~30	20~30	20~30	20~30
焦磷酸锌（Zn$_2$P$_2$O$_7$）/（g·L^{-1}）			4~8	6~12
焦磷酸钾（K$_4$P$_2$O$_7$·3H$_2$O）/（g·L^{-1}）			100~140	100~140
碳酸钠Na$_2$CO$_3$/（g·L^{-1}）		15~30	25~30	10
氢氧化钠（NaOH）/（g·L^{-1}）		4~6		
氨水（NH$_4$OH）/（mL·L^{-1}）	5~8		1~3	2~4
醋酸铅［Pb（CH$_3$COO）$_2$·3H$_2$O］/（g·L^{-1}）		0.01~0.02		
pH	9~11	9~11	9~11	9~11
温度/℃	20~38	50~55	25~36	18~25
阴极电流密度/（A·dm^{-2}）	0.2~0.4	0.2~0.4		0.2~0.4
滚筒转速/（r·min^{-1}）		12~14		12~15
阳极成分（Cu:Zn）	70:30	70:30	70:30	70:30
用途	挂镀	滚镀光亮铜锌合金	挂镀	滚镀

（2）镀液中各成分作用。

①主盐：通常采用氰化亚铜和氰化锌，Cu:Zn为（2~3）:1。

②氰化钠：是铜与锌的络合剂，形成稳定的金属络离子，满足络合需要外，镀液中还要有适量的游离氰化钠，游离氰化钠5g/L即可满足要求。

③碳酸钠：碳酸钠是镀液中的缓冲剂，同时对提高镀液的分散能力和导电性也有一定作用。

④氢氧化钠：加入少量的氢氧化钠来调节镀液的pH，还可以改善镀液的导电性能。

⑤氨水：镀液中加入少量氨水，可以使黄铜镀层色泽均匀并有光泽，还能提高镀层中锌的含量和阴极电流效率，并有助于阳极正常溶解。此外，氨的存在还能抑制氰化物的分解。

（3）工艺条件的影响。

①温度：升高镀液温度，可使镀层中铜的含量提高，生产中一般温度控制在40℃左右。

②pH：镀液的pH主要影响镀液的导电性和金属离子的络合状态。镀液的pH升高，镀层中铜的含量下降。当镀液的pH<11.5时，可用氨水来调节，若镀液的pH>11.5时，可用NaOH来调整。

③阴极电流密度：阴极电流密度维持在0.5~1.5A/dm²。随着阴极电流密度的增加，镀层中铜的含量降低。

④阳极：电镀黄铜时，一般都采用合金阳极，其成分与合金镀层的成分大致相同。

二、电镀铜锡合金

1. 概述

铜锡合金（俗称青铜）是合金电镀中应用较多的一个镀种。1934年，研究者首先提出了含有锡酸盐—氰化物电镀铜—锡合金的专利。在20世纪50年代由于金属镍供应短缺，曾作为代镍镀层得到推广使用。近年来随着金属镍供应情况的改善，作为代镍的铜锡合金用量有所减少。铜锡合金还可用来作为最后的加工精饰，合金镀层经过清漆保护后，外观为金黄色，似黄金，可作为仿金镀层，另外，还可用于电视机和无线电底板以及代替铜作底层。虽然电镀合金层比电镀铜成本高，但抗蚀性、硬度和沉积速度等方面都比镀铜好。

在铜锡合金层中，随锡含量增加，合金的外观色泽也发生变化。当锡含量低于8%时，其外观与铜相似，为红色，当锡含量增加到13%~15%时，镀层为金黄色，当锡含量达到或超过20%时，镀层为白色。

电镀铜锡合金电解液可分为氰化物、低氰化物和无氰化物三种。

（1）氰化物电镀铜锡合金。氰化物电镀铜锡合金应用极广，也很成熟。常用氰化物—锡酸盐电解液。通过对电解液成分和工艺条件的调整，可得到低锡、中锡和高锡的合金镀层。该工艺的主要缺点是氰化物有剧毒，不利于环境保护。

（2）低氰化物—焦磷酸盐电解液。该电解液采用少量氰化物与一价铜离子络合，二价锡离子与焦磷酸盐络合，也能得到低锡、中锡和高锡的合金镀层，外观比较光亮，其主要缺点是电解液中仍含有剧毒的氰化物，合金阳极溶解性差。

（3）低氰化物—三乙醇胺电解液。该电解液一般是由氰化物—锡酸盐电解液过渡过来的。在氰化物含量逐渐降低的过程中，补充三乙醇胺络合剂，氰化物含量保持在3~8g/L范围内，这样一价铜基本上都以铜氰络离子的形式存在。该电解液也能获得满意的低锡合金镀层。

（4）无氰铜锡合金电解液采用焦磷酸盐—锡酸盐电镀铜锡合金已成功的用于生产。

2. 焦磷酸盐—锡酸盐电镀铜锡合金

（1）焦磷酸盐—锡酸盐电镀铜锡合金电解液组成及工艺条件见表1–29。

表1-29　焦磷酸盐—锡酸盐电镀铜锡合金电解液组成及工艺条件

溶液组成及工艺条件	1	2
焦磷酸铜（$Cu_2P_2O_7$）/（$g \cdot L^{-1}$）	10~14	8~12
锡酸钠（Na_2SnO_3）/（$g \cdot L^{-1}$）	25~33	25~35
焦磷酸钾（$K_4P_2O_7 \cdot 3H_2O$）/（$g \cdot L^{-1}$）	240~280	230~260
硝酸钾（KNO_3）/（$g \cdot L^{-1}$）	40~50	
酒石酸钾钠［$KNaH_4C_4O_6 \cdot 2H_2O$］/（$g \cdot L^{-1}$）	20~30	30~35
明胶/（$g \cdot L^{-1}$）	0.01~0.03	0.01~0.02
pH	10.8~11.2	10.8~11.2
温度/℃	40~50	25~50
阴极电流密度/（$A \cdot dm^{-2}$）	2~3	2~3
阴极移动/（次·min^{-1}）	10~14	8~11
阳极材料	含锡6%~9%的合金	含锡6%~8%的合金

在焦磷酸盐电镀铜锡合金电解液中，铜以二价形式与焦磷酸盐配位，锡以四价形式存在。这种电解液相比焦磷酸盐（二价锡）电解液有较多的优点，电解液较稳定，易于控制；阴极电流效率较高，因而沉积速度较快，镀层针孔少。

（2）溶液中各成分的作用及阳极材料。

①主盐：溶液中铜离子的含量若增加，镀层中铜的含量会明显增加，镀液中锡酸钠的含量对镀层中锡的含量的影响并不显著。

②焦磷酸盐：在镀液中加入适量的焦磷酸盐，可以使锡的析出电位变正，有利于铜锡的共沉积。

③酒石酸钾钠：酒石酸钾钠是辅助配位剂，它可防止锡酸盐的水解及氢氧化铜的沉淀。它的含量不宜过高，否则会使镀层发硬发亮，难抛光。

④硝酸钾：在镀液中加入适量的硝酸钾，能降低阴极的极化，有利于提高阴极电流密度的上限。它的含量过低，使用电流密度的范围变窄，镀层易变色、开裂和脱皮。

⑤明胶：镀液中加入适量的明胶会得到结晶细致、色泽光亮的镀层，同时也能使镀层中锡的含量增加。但明胶的含量过多，镀层易发脆。

⑥阳极：四价锡镀液镀青铜的阳极一般为含锡6%的青铜阳极。这类阳极溶解快而且均匀，阴、阳极面积比为1：（0.3~0.5）。也可采用可溶性阳极和不溶性阳极混挂的方法。不溶性阳极为含锡量15%左右的青铜。

三、电镀锌镍合金

1. 概述

电镀锌镍合金层是一种优良的防护性镀层，主要用作钢铁材料的耐蚀防护，用以取代镉镀层和锌镀层，适合在恶劣的工业大气和严酷的海洋环境中使用。

含镍质量分数为7%~9%的锌镍合金耐蚀性是镀锌的3倍以上；含镍量13%左右的锌镍合金是镀锌层的5倍以上，特别是经过200~300℃加热后，其钝化膜仍能保持良好的耐蚀性。镀层氢脆小，可代替镉镀层使用。含Ni为10%~16%的锌镍合金镀层还有比较小的低氢脆性，镀层硬度高（180~220HV）、焊接性好等特点。因此锌镍合金具有广泛的应用前景。

锌镍合金镀液主要分为两种类型：一种为弱酸性体系，主要包括氯化铵型、氯化钾型以及氯化铵和氯化钾混合型，pH一般为5.5左右；另一种是碱性锌酸盐镀液，是近几年来发展起来的，发展速度较快。

2. 氯化铵型电解液电镀锌镍合金

（1）氯化铵型电解液电镀锌镍合金镀液组成及工艺条件见表1-30。

表1-30　氯化铵型电解液电镀锌镍合金镀液组成及工艺条件

溶液组成及工艺条件	电镀锌镍合金
氯化锌（$ZnCl_2$）/（g·L^{-1}）	50~65
氯化镍（$NiCl_2·6H_2O$）/（g·L^{-1}）	140
氯化铵（NH_4Cl）/（g·L^{-1}）	220~230
三乙醇胺（含量80%~85%）/（g·L^{-1}）	25
氨水（用于调节pH）	适量
添加剂A/（mL·L^{-1}）	50
添加剂B/（mL·L^{-1}）	10
pH	5.35~5.6
温度/℃	35~38
阴极电流密度/（A·dm^{-2}）	2~4
镍阳极面积/锌阳极面积	1:2~2.5
锌/镍含量比	0.7~0.9
搅拌方式	阴极移动
过滤	连续或间歇过滤

（2）镀液成分作用及工艺条件的影响。

①氯化铵：主盐，该镀液中适宜氯化铵含量为220~230g/L，含量过低镀层呈灰色。定期分析并适当补充。

②pH：该镀液的适宜pH在5.35~5.65范围内。pH≤5.2，镀层呈麻点状；pH≤5.3，镀层光亮性差。随着电镀的进行，镀液的pH缓慢地上升，用盐酸调整之。

③$m(Zn)/m(Ni)$的控制：镀液的锌含量与镍含量之比[$m(Zn)/m(Ni)$]不仅是决定镀层镍含量的主要参数，也对镀层外观有显著的影响，必须严格加以控制。该镀液的适宜$m(Zn)/m(Ni)$最好控制在0.7~0.9范围内。$m(Zn)/m(Ni)$过高（≥1.0），当槽液温度较低（≤35℃）与阴极电流密度较小（≤1.5A/dm^2）的情况下，镀层呈灰色。反之，$m(Zn)/m(Ni)$过低（≤0.5），镀层的镍含量有可能超过15%，对提高镀层的耐蚀性不再有益，而脆性增加。镀液Zn/Ni含量比可通过化学分析或其他简单方法予以测定。根据测定结果及变化趋势及时调整锌阳极与镍阳极的面积比。

④温度：范围较宽，30~40℃，除滚镀及镀件形状过于复杂的场合外，电镀操作温度一般选择35~38℃。

⑤阴极电流密度：阴极电流密度的选择取决于镀件形状。总原则是，在保证镀层质量的情况下采用较大的电流密度，加大镀层沉积速度，缩短电镀时间。挂镀一般选择2~4A/dm²，滚镀为1.0A/dm²左右。

四、电镀锌锡合金

1. 概述

锌锡合金镀层通常为银白色，其电极电势处于锌与铁之间，故作为钢铁的防护性镀层时有优良的耐蚀性；同时锌锡合金镀层具有优良的可焊性。因此，近年来作为代镉或代银镀层得到了重视和深入研究，已广泛应用于汽车部件、电子电气产品等工业领域。锌锡合金镀层的耐蚀性与锌含量有关，以含20%~30%锌的镀层耐蚀性最好。但锡含量越高，镀后钝化处理越困难，影响镀层的耐蚀性和外观。

锌锡合金镀液有碱性氰化镀液、无氰碱性镀液、有机酸镀液、焦磷酸盐镀液和氟硼酸盐镀液等多种类型。

2. 电镀锌锡合金电解液组成及工艺条件见表1-31。

表1-31 电镀锌锡合金电解液组成及工艺条件

溶液组成及工艺条件	1	2
$Sn^{4+}/(g \cdot L^{-1})$	20	20
$Zn^{2+}/(g \cdot L^{-1})$	8	8
乳酸/$(g \cdot L^{-1})$	100	1
硫酸铵/$(g \cdot L^{-1})$	100	100
葡萄糖酸/$(g \cdot L^{-1})$		120
光亮剂A/$(g \cdot L^{-1})$	1	
光亮剂B/$(g \cdot L^{-1})$		2
pH	3.5	2
温度/℃	室温	室温
阴极电流密度/$(A \cdot dm^{-2})$	1~5	1~5

注 光亮剂A是无水苯二胺在脂肪族胺与有机酸酯的反应生成物中反应所得到的可溶性光亮剂；光亮剂B是环氧乙烷、环氧丙烷附加性光亮剂。

3. 电极反应

阴极反应：

$$Sn^{2+} + 2e \Longrightarrow Sn$$

$$Zn^{2+} + 2e \Longrightarrow Zn$$

阳极反应：

$$Sn - 2e \Longrightarrow Sn^{2+}$$

$$Zn - 2e \Longrightarrow Zn^{2+}$$

阳极采用与镀层组成相同的锡锌合金（含锡80%）。

五、仿金电镀

所谓仿金镀层其实就是镀铜锌合金，或在镀液中加入某些第三种金属（如锡、镍、钴等）来改变镀层的外观，以期镀取接近各种成色金黄的色调。

仿金镀层具有真金的色泽，既雍容华贵又价廉物美，因此深受人们的喜爱。首饰、钟表、灯具、眼镜、工艺品等民用商品镀仿金镀层后可以提高它的装饰性。价值稍高的商品镀仿金镀层后再镀一层极薄的金或金合金镀层则更可以提高它的稳定性能和商品价值。

1. 氰化物的仿金电镀

（1）电解液组成及工艺条件见表1-32。

表1-32 三元合金仿金电镀电解液组成及工艺条件

溶液组成及工艺条件	1	2	3	4
氰化亚铜（CuCN）/（g·L^{-1}）	15~18	16~18	16~20	15~35
氧化锌（ZnO）/（g·L^{-1}）		5~7	6~9	3~8
锡酸钠（Na$_2$SnO$_3$）/（g·L^{-1}）	4~6	3~5		5~15
氰化锌［Zn（CN）$_2$］/（g·L^{-1}）	7~9			
氰化钠（NaCN）（游离）/（g·L^{-1}）	5~8	6~8	15~18	3~5
氢氧化钠（NaOH）/（g·L^{-1}）	4~6	4~6		
碳酸钠（Na$_2$CO$_3$）/（g·L^{-1}）	30~35	8~10	20~25	
酒石酸钾钠［KNaH$_4$C$_4$O$_6$·2H$_2$O］/（g·L^{-1}）	8~12	28~30		8~16
氨水（NH$_3$·H$_2$O）/（g·L^{-1}）			0.5~1	
pH	11.5~12	11~12	9.5~10.5	10~11
温度/℃	20~35	25~30	25~35	15~35
阴极电流密度/（A·dm^{-2}）	0.3~0.5	0.5~1	0.5~1.5	1~2
阳极板（Cu：Zn）	7：3	7：3	85：15	7：3
时间/s	12	12	12	12

（2）电极反应。单金属沉积得不到金的颜色，而合金以不同的比例共沉积就能达到金的颜色和光泽。镀液中锌以二价形式与氧化物生成锌氰配合物，铜以一价形式与氰化物生成铜氰配合物，锡以四价形式与氢氧化钠生成锡酸钠。

阴极反应：

$$[Cu（CN）_3]^{2-}+e \rightleftharpoons Cu+3CN^-$$
$$[Zn（CN）_4]^{2-}+2e \rightleftharpoons Zn+4CN^-$$
$$SnO_3^{2-}+3e \rightleftharpoons [Sn（OH）_6]^{2-}$$
$$[Sn（OH）_6]^{2-}+4e \rightleftharpoons Sn+6OH^-$$

阳极反应：

$$Cu+3CN^--2e \rightleftharpoons [Cu（CN）_3]^{2-}$$
$$Zn+4CN^--2e \rightleftharpoons [Zn（CN）_4]^{2-}$$
$$Sn+6OH^--4e \rightleftharpoons [Sn（OH）_6]^{2-}$$

（3）主要成分及作用。

①主盐：镀层中铜锌（或铜锡锌）的比例不仅同镀液中铜锌（或铜锌锡）离子的浓度有关，而且还与镀液中氧化钠、氢氧化钠的含量有关，与操作条件也有一定的关系。镀液的温度、pH以及电流密度也影响镀层的色泽。主盐铜、锌、锡的比值应严格控制在工艺规范内，才能镀取均匀光亮的仿金层。锡酸钠在镀液中起到维护仿金镀层色泽均匀、光亮，达到K金色泽的作用。

②配位剂：游离氧化钠能使铜、锌配合离子稳定，有利于阳极正常溶解。若提高游离氰化钠的含量，使铜离子析出比较困难，则镀层中锌的比例就会相对提高。过高的氰化钠会造成阴极电流效率下降，镀层疏松呈灰暗色。当氰化钠含量过低时，铜较易析出，镀层中铜含量相应增加，镀层色泽呈黄色或带红色。

③氢氧化钠：加入氢氧化钠可以防止氰化物分解成剧毒的氢氰酸，当镀液中有锡酸盐时能阻止锡酸盐水解成二价锡。提高氢氧化钠含量，氰根的配合能力增强，铜离子析出受到抑制，锌离子较易析出，镀层中锌含量将提高。若氢氧化钠含量过高，镀液导电能力增强，使锌沉积加快，镀层呈灰暗色、粗糙、有脆性；氢氧化钠含量过低，氰根配合能力下降，铜易析出，镀层易呈浅黄或带红色。

④碳酸钠：加入碳酸钠使溶液呈现较强的碱性，减缓氰化物分解，并能提高溶液的分散能力和导电性，当其含量积累过多时会影响阴极电流效率，可用冷却法除去结晶的碳酸钠。

2. 无氰的仿金电镀

因为氰化物有毒，无氰的仿金电镀越来越引起人们的重视。近年来发展起来的无氰仿金电镀体系有焦磷酸盐体系、柠檬酸盐体系、酒石酸盐体系、羟基亚乙基二膦酸（HEDP）体系以及离子仿金电镀等工艺。

（1）焦磷酸盐体系仿金电镀电解液组成工艺条件见表1-33。

表1-33　焦磷酸盐体系仿金电镀电解液组成及工艺条件

溶液组成及工艺条件	数值	典型
焦磷酸钾（$K_4P_2O_7 \cdot 3H_2O$）/（$g \cdot L^{-1}$）	200~300	250
硫酸锌（$ZnSO_4 \cdot 7H_2O$）/（$g \cdot L^{-1}$）	20~30	25
硫酸铜（$CuSO_4 \cdot 5H_2O$）/（$g \cdot L^{-1}$）	15~20	18
氯化亚锡（$SnCl_2 \cdot 2H_2O$）/（$g \cdot L^{-1}$）	2~8	5
氨三乙酸［$N(CH_2COOH)_3$］/（$g \cdot L^{-1}$）	20~40	30
氨水（$NH_3.H_2O$）/（$mL \cdot L^{-1}$）	4~20	15
氢氧化钾（KOH）/（$g \cdot L^{-1}$）	50~70	60
pH	8.5~9	8.5
温度/℃	30~35	35
阴极电流密度/（$A \cdot dm^{-2}$）	0.15~0.2	0.2
阳极/阴极面积	2:1	2:1

（2）镀液中各成分的作用。

①主盐：镀液中铜锌锡的比例不仅同镀液中铜锌锡离子的浓度有关系，而且还与镀液中的配合物焦磷酸盐的含量有关。主盐铜、锌、锡的比值应严格控制在工艺范围之内，以保证镀出均匀光亮的仿金层。

②焦磷酸盐配位剂：镀液中的焦磷酸盐配位剂，可以与铜锌锡结合使铜、锌、锡离子稳定，有利于阳极正常溶解。还可以使铜锌锡在阴极上共沉积，得到均匀光亮的仿金层。

③氨水：调整镀液的pH，pH对金属共沉积的影响往往是因为它改变了金属盐的化学组成。pH的变化直接影响镀层的质量。当pH<8.5时，镀液中铜容易析出，均镀能力差，Sn^{2+}的析出受阻。pH>8.5时，易生成铜的碱式盐夹杂于镀层中造成结晶疏松，阳极钝化，产生铜粉。

（3）电极反应。铜离子在焦磷酸盐电镀仿金镀液中，主要以焦磷酸铜钾的形式存在：

$$Cu_2P_2O_7+3K_4P_2O_7 \longrightarrow 2K_6\left[Cu\left(P_2O_7\right)_2\right]$$

锌离子是以硫酸锌的形式加入。硫酸锌在焦磷酸钾溶液中的反应如下：

$$ZnSO_4+2K_4P_2O_7 \longrightarrow K_6\left[Zn\left(P_2O_7\right)_2\right]+K_2SO_4$$

锡离子主要以二价锡的形式先与焦磷酸钾反应后加入镀液，生成的配合物为焦磷酸亚锡钾，其反应如下：

$$2SnCl_2+K_4P_2O_7 \longrightarrow Sn_2P_2O_7\downarrow+4KCl$$

$$Sn_2P_2O_7+3K_4P_2O_7 \longrightarrow 2K_6\left[Sn\left(P_2O_7\right)_2\right]$$

在形成配合物后，阴极反应为：

$$\left[Cu\left(P_2O_7\right)_2\right]^{6-}+2e \longrightarrow Cu+2P_2O_7^{4-}$$

$$\left[Zn\left(P_2O_7\right)_2\right]^{6-}+2e \longrightarrow Zn+2P_2O_7^{4-}$$

$$\left[Sn\left(P_2O_7\right)_2\right]^{6-}+2e \longrightarrow Sn+2P_2O_7^{4-}$$

第八节　非金属材料电镀

一、概述

非金属材料电镀是指在非金属材料表面上，采用特殊的加工方法获得一层金属层（导电膜），使之具有非金属材料和金属材料两者的优点。在非金属表面镀上金属后，可以获得导电、导磁、耐磨、抗老化、耐热、可焊接等性能和不同色泽的金属外观，从而使非金属材料的装饰性和功能性增强、使用范围拓宽。

非金属表面金属化的方法有喷镀、电镀（包括化学镀）、直空蒸镀、阴极溅射或离子镀等多种工艺，非金属材料电镀作为一种成熟的表面处理技术目前在工业中应用较多。近年来，各种塑料、玻璃、石英、陶瓷等非金属材料的应用越来越广泛，特别是随着塑料工业的飞速发展，在各种工程塑料、宇宙航行、无线电通信和轻工产品方面的应用越来越多。

非金属材料是绝缘体，不导电。要进行电镀，就要事先给它施加一层导电膜（层）使它导电，再进行常规电镀。化学镀是常用的方法。化学镀前的非金属材料的预处理成为整个电镀工艺的关键部分。

二、非金属的镀前处理

非金属镀前处理有消除应力、除油、粗化、敏化、活化、化学镀。经过合格的镀前处理后，就可以按常规工艺进行电镀。

1. 消除应力

消除应力工序主要针对塑料制品而言。当设计不合理或加工成型不当时，塑料制品会产生内应力，从而使镀层结合力下降、开裂、脱落，因此塑料制品在电镀前应先消除内应力。

通常用热处理法消除塑料的内应力，即将塑料制品在低于其热变形温度的温度下保温一定时间，使塑料内部分子重新排列，以达到减小或消除内应力的目的。也可以用溶剂浸泡法消除应力。

2. 除油

除油的目的是清除制品表面在模压、存放和运输过程中残留的脱模剂和油污，以保证非金属制品能在下一道工序中均匀地进行表面粗化。

非金属材料的除油与金属一样，可用有机溶剂、碱性除油和酸性除油。采用的有机溶剂应对非金属材料无破坏作用，不发生溶解、溶胀、银纹和龟裂、氧化等现象。生产中常用的有乙醇、丙酮、甲醇、三氯乙烯等。采用的碱性除油液应含有起润湿、缓蚀等作用的表面活性剂，溶液温度不能超过塑料黏流化温度，即不能使塑料发生塑性变形。酸性除油适用于所有耐酸制件，目前在非金属材料电镀中使用酸性除油的不多。生产中为方便起见，对塑料制品常选用钢铁件除油液，在50~70℃的温度下使用。

3. 粗化

粗化的目的是提高零件表面的亲水性和形成适当的粗糙度，以保证镀层有良好的结合力。它是决定镀层结合力的关键工序。由于粗化是针对光滑而憎水的表面工序，故生产中主要应用于塑料制品。

粗化方法主要有机械粗化、化学粗化和有机溶剂粗化。就提高镀层结合力而言，粗化效果为：化学粗化>有机溶剂粗化>机械粗化。在工业生产中，要根据材料特点和生产条件选择适当的粗化方法，有时也可采用几种方法的组合。目前国内外塑料电镀行业中95%以上都采用化学粗化法。

（1）机械粗化。机械粗化适用于表面光洁度要求不高的零件，有喷砂、打磨等方法，对小零件可用滚动摩擦方法（类似于一般电镀前处理中的滚光工序）。

由于机械粗化只能在非金属制品表面形成上大下小的敞口形凹坑，无法使镀层和基体实现机械"锁扣"结合，所以它对镀层结合力的提高作用较小，通常只能作为化学粗化之前的辅助工序。

（2）有机溶剂粗化。有机溶剂的粗化作用主要是通过使塑料制品表面溶化或表面结构发生变化而产生的，但表面仍呈憎水性和可能导致塑料强度降低，且有机溶剂挥发需要时间，往往使制品上、下部分的粗化程度不一致。因此，其应用受到限制，单独使用较少。通常是在某些塑料仅用化学粗化效果不好时，先进行有机溶剂粗化，再化学粗化，以获得好的粗化效果。

（3）化学粗化。化学粗化实质是一个化学侵蚀过程，即通过对非金属材料制品表面的氧化和蚀刻而起粗化作用，提高制件与镀层的结合力。

①化学粗化的特点。化学粗化法除污垢能力强，因为化学粗化液中普遍含有铬酐、硫酸，它是一种强氧化性的酸性溶液，所以，它对制件表面上任何残存污垢都能迅速、彻底地除去，以便粗化的顺利进行。化学粗化速度快、效果好。用化学粗化过的制件表面显微粗糙，粗化层均匀、细致，对制件表面粗糙度、尺寸精度影响甚小，且粗化速度远比机械粗化快，ABS常用粗化液组成及工艺条件见表1-34。

表1-34　ABS常用粗化液组成及工艺条件

溶液组成及工艺条件	1	2	3	4
铬酐（CrO_3）/（$g \cdot L^{-1}$）	400	180	30	24
硫酸（H_2SO_4）/（$g \cdot L^{-1}$）	350		180	780
磷酸（H_3PO_4）/（$g \cdot L^{-1}$）		200	180	
铬酸（$H_2Cr_2O_4$）/（$g \cdot L^{-1}$）		100		
温度/℃	50~60	60~70	60~70	60~70
时间/s	25~40	60~120	60~120	1~5

化学粗化无论制件几何形状如何、材料性质如何、用途如何，均可使用，而且化学粗化液成分简单，配制容易，维护方便。

②化学粗化原理。化学粗化实质是对镀件表面起氧化、蚀刻作用。强酸、强氧化性的粗化液，对塑料等表面分子结构产生化学蚀刻作用，形成无数凹槽、微孔，甚至孔洞，使制件表面微观粗糙，以确保化学镀时所需要的"投钾"效果。

③粗糙状态不同。化学粗化在制件表面形成的孔洞，凹坑是瓶颈形，因此能与镀层形成机械锁扣。有机溶剂粗化在制件的边沿处形成颈形的凹坑、孔洞，也能与镀层形成机械锁扣。

④润湿接触角不同。镀层结合力与制件的亲水性能有关。亲水性能越好，即润湿接触角越小，越有利于镀层的结合。

机械粗化对制件表面被溶液润湿接触角度改变不大，例如，它只能把聚苯乙烯的接触角减小；有机溶剂粗化基本上不能减小制件表面的接触角；化学粗化可显著降低溶液对制件表面的接触角，如仍以上述材料为例，化学粗化可将它的接触角减小。

此外，粗化方法不同在制件表面产生的极性基团的数量也不同，因为化学粗化可在高分子的断链处产生许多亲水性极性基团，有利于化学结合。

4. 敏化

敏化是继粗化之后又一重要工序。敏化处理是使非金属表面吸附一层容易氧化的物质，以便在活化处理时被氧化，在制品表面上形成"催化膜"。

常用的敏化剂为二价锡盐和三价钛盐。一般采用二氯化锡的酸性溶液或二价锡的络合碱性溶液，常用敏化液组成及工艺条件见表1-35。

表1-35 常用敏化液组成及工艺条件

溶液组成及工艺条件	1	2	3	4
氯化亚锡（$SnCl_2$）/（$g \cdot L^{-1}$）	10	100	50	10
三氯化钛（$TiCl_3$）/（$g \cdot L^{-1}$）			50	
盐酸（HCl）/（$g \cdot L^{-1}$）	40			100
氢氧化钠（NaOH）/（$g \cdot L^{-1}$）		150		
酒石酸钾钠［$KNaH_4C_4O_6 \cdot 2H_2O$］/（$g \cdot L^{-1}$）		170	60~70	60~70
金属锡条/根	1	1		
温度/℃	18~25	18~25	18~25	18~25
时间/min	3	3	3	3

5. 活化

活化处理是用含有催化活性金属，如银、钯，铂、金等的化合物溶液，对经过敏化处理的工件表面进行再次处理的过程。其目的是为了在非金属表面产生一层催化金属层，作为化学镀时氧化还原反应的催化剂。活化过程的实质为：敏化后的工件表面与含有贵金属离子溶液相接触时，这些贵金属离子很快被二价锡离子还原成金属微粒，使其紧紧附着在工件表面上，非金属材料活化工艺条件见表1-36。

表1-36 非金属材料活化工艺条件

溶液组成及工艺条件	1	2	3	4
硝酸银（$AgNO_3$）/（$g \cdot L^{-1}$）	1.5~2.0	2~5	30~90	20~30
氨水（$NH_3 \cdot H_2O$）/（$g \cdot L^{-1}$）	加至溶液透明	6~8	20~100	
乙醇（C_2H_5OH）/（$g \cdot L^{-1}$）	40			500
温度/℃	室温	室温	室温	室温
时间/min	10~20	5~10	0.5~5	2~10

其反应为：

$$2Ag^+ + Sn^{2+} \longrightarrow Sn^{4+} + 2Ag \downarrow$$

$$Pd^{2+} + Sn^{2+} \longrightarrow Sn^{4+} + Pd \downarrow$$

这些催化活性金属微粒，是化学镀的结晶中心，故活化又名"核化"。经活化处理后的制品不能直接进入化学镀工序，还需先进行还原或解胶处理。还原处理的目的是将残留在制品表面的活化液还原而除去，避免活化液带入化学镀液中引起镀液分解；同时可提高表面的催化活性。

化学镀铜可用稀甲醛溶液进行还原处理，如在100mL/L甲醛（37%）溶液中，室温下浸10~30s。

化学镀镍的制品用次亚磷酸钠稀溶液进行还原处理，如在10~30g/L次亚磷酸钠的溶液中于室温下浸10~30s。

三、化学镀

1. 概述

化学镀是指不使用外加电源，而是依靠金属的催化作用，通过可控制的氧化还原反应，使镀液中的金属离子沉积到镀件上的方法，因而化学镀也被称为自催化镀或无电镀。与电镀相比，化学镀有以下优点：

（1）在结构复杂的镀件上可形成较均匀的镀层。

（2）镀层的针孔一般比较小。

（3）可以直接在塑料等非导体上形成金属镀层。

（4）镀层具有特殊的化学、机械或磁性能。

（5）不需要电源，镀件表面无导电触点。

目前，能用化学镀方法得到镍、铜、钴、钯、铂、金、银等金属或合金的镀层。化学镀既可以作为单独的加工工艺，用来改善材料的表面性能，也可以用来获得非金属材料电镀前的导电层。化学镀在电子、石油化工、航空航天、汽车制造、机械等领域有着广泛的应用。工业上应用最多的是化学镀镍和化学镀铜。

2. 化学镀镍

（1）概述。化学镀镍是化学镀中应用极为广泛的一种方法。与一般电镀层相比，化学镀镍层的结晶细致，孔隙率低，硬度高，镀层均匀，可焊性好，镀液深镀能力好，化学稳定性高，目前已广泛应用于电子、航天、精密仪器、日用五金、电器和化学工业中。

化学镀镍发展至今，已经形成比较完善的化学镀工艺。若按化学镀镍溶液所使用的还原剂进行分类，可将其分为以次磷酸盐为还原剂的化学镀镍、以硼氢化物为还原剂的化学镀镍、以氨基硼烷为还原剂的化学镀镍和以肼为还原剂的化学镀镍。目前，以次磷酸盐为还原剂的化学镀镍，在世界范围的化学镀镍总量中占99%以上。

（2）次磷酸盐型化学镀镍的反应机理。化学镀镍反应机理，尚无统一的认识，主要有三种理论，即原子氢态理论、氢化物理论及电化学理论。

①原子氢态理论。该理论认为：镍的沉积是依靠镀件表面的催化作用，使次亚磷酸根分解析出初生态原子氢。

$$NaH_2PO_2 \Longrightarrow Na^+ + H_2PO_2^-$$
$$H_2PO_2^- + H_2O \xrightarrow{催化表面} H_2PO_3^{2-} + H^+ + H^0$$

H^0在制件表面使Ni^{2+}还原成金属镍：

$$Ni^{2+} + 2H^0 \longrightarrow Ni + 2H^+$$

同时，原子态氢又与$H_2PO_2^-$作用使磷析出。

$$H_2PO_2^- + H^0 \longrightarrow H_2O + OH^- + P$$

还有部分原子态氢相互作用生成氢气析出：

$$2H^0 \longrightarrow H_2 \uparrow$$

由这一理论导出的次亚磷酸根的氧化和镍的还原反应可综合为：

$$Ni^{2+} + 2H_2PO_2^- \longrightarrow 2H_2PO_3^{2-} + 2H^+ + H_2 \uparrow + Ni$$

②氢化物理论。氢化物理论认为：次亚磷酸钠在催化表面催化脱氢生成还原能力更强的氢负离子H^-。

$$H_2PO_2^- + H_2O \xrightarrow{催化表面} HPO_3^{2-} + 2H^+ + H^-$$

在催化表面上，H^-使Ni^{2+}还原成金属镍：

$$Ni^{2+} + 2H^- \longrightarrow Ni + H_2 \uparrow$$

同时在溶液中的

$$H^+ + H^- \longrightarrow H_2 \uparrow$$

磷来源于一种中间产物，如偏磷酸根（PO_2^-）在酸性的界面条件下，由下述反应生成：

$$2PO_2^- + 6H^+ + 4H_2O \longrightarrow 2P + 3H_2 \uparrow + 8H^-$$

镍还原总反应可表示为：

$$Ni^{2+} + H_2PO_2^- + H_2O \longrightarrow HPO_3^{2-} + 3H^+ + Ni$$

③电化学理论。电化学理论认为：次亚磷酸根被氧化释放出质子，使Ni^{2+}还原成为金属镍。

次亚磷酸根释放电子：

$$H_2PO_2^- + H_2O \longrightarrow H_2PO_3^- + 2H^+ + 2e$$

金属镍离子Ni^{2+}得到电子还原成Ni：

$$Ni^{2+} + 2e \longrightarrow Ni$$

氢离子得到电子还原为氢气：

$$2H^+ + 2e \longrightarrow H_2 \uparrow$$

次亚磷酸根得到电子析出磷：

$$H_2PO_2^- + e \longrightarrow P + 2OH^-$$

镍还原总反应式：

$$Ni^{2+} + H_2PO_2^- + H_2O \longrightarrow H_2PO_3^- + 2H^+ + Ni$$

化学镀镍的上述三种理论，对化学镀镍过程都能作出一定解释，但也都不完全。在书刊和其他一些文献中引用较多的是原子氢态理论，其次是氢化物理论，电化学理论引用较少。

化学镀镍过程除了还原出金属镍外，还原出磷，所以，以次磷酸盐为还原剂得到的化学镀镍实际上是含磷为3%~5%的镍磷合金。含磷量低于5%的化学镀镍层的结构为β-Ni，含磷量在5%~8.5%之间的化学镀镍层的结构为β-Ni和α-Ni两相混合物，含磷量大于8.5%的化学镀镍层的结构为非晶态α-Ni和磷的过饱和固溶液。将化学镀镍在超过220℃的温度下进行热处理，镀镍层中的磷将会以化合物Ni_3P的形式析出，使镀层的硬度大幅度提高。

（3）次磷酸盐型化学镀镍的工艺条件见表1-37。以次磷酸盐为还原剂的化学镀镍溶液有酸性和碱性两种。酸性化学镀镍的特点是化学稳定性较好且易于控制，沉积速度较高，镀层含磷量也较高，通常含磷量为7%~11%，这类镀液在生产中得到广泛的应用。

表1-37 酸性化学镀镍工艺条件

溶液组成及工艺条件	1	2	3	4	5
硫酸镍（NiSO$_4$·7H$_2$O）/（g·L^{-1}）	30	25	20	23	21
次磷酸钠（NaH$_2$PO$_2$·H$_2$O）/（g·L^{-1}）	36	30	24	18	24
乙酸钠（NaC$_2$H$_3$O$_2$·3H$_2$O）/（g·L^{-1}）		20			
柠檬酸钠（Na$_3$C$_6$H$_5$O$_7$·2H$_2$O）/（g·L^{-1}）	14				
羟基乙酸钠（Na$_3$C$_2$H$_3$O$_3$）/（g·L^{-1}）		30			
苹果酸（C$_4$H$_6$O$_5$）/（g·L^{-1}）	15		16		
琥珀酸（C$_4$H$_6$O$_4$）/（g·L^{-1}）	5		18	12	
乳酸（C$_3$H$_6$O$_3$）/（mL·L^{-1}）	15			20	30
丙酸（C$_3$H$_6$O$_2$）/（mL·L^{-1}）	5				2
铅离子/（mg·L^{-1}）		2	1	1	1
硫脲［CS(NH$_2$)$_2$］/（g·L^{-1}）		3			
氧化钼（MoO$_3$）/（mL·L^{-1}）	5				
pH	4.8	5.0	5.2	5.2	4.5
温度/℃	90	90	95	90	95
沉积速度/（μm·h^{-1}）	10	20	17	15	17
镀层含磷量/%	10~11	6~8	8~9	7~8	8~9

酸性镀液的工作温度偏高，不适合在塑料等耐热性差的工件上施镀，遇到这种情况可选用中、低温化学镀镍工艺，其工艺条件见表1-38。

表1-38 中、低温化学镀镍工艺条件

溶液组成及工艺条件	1	2	3	4	5
硫酸镍（NiSO$_4$·7H$_2$O）/（g·L^{-1}）		25		25~30	30
氧化镍（NiO·6H$_2$O）/（g·L^{-1}）	25~30		40~60		
次磷酸钠（NaH$_2$PO$_2$·H$_2$O）/（g·L^{-1}）	20	25	30~60	25~30	22
氯化铵（NH$_4$Cl）/（g·L^{-1}）	45~50				
柠檬酸钠（Na$_3$C$_6$H$_5$O$_7$·2H$_2$O）/（g·L^{-1}）			60~90		
焦磷酸钠（Na$_4$P$_2$O$_7$·10H$_2$O）/（g·L^{-1}）	60~70	50		30	
乙酸钠（NaC$_2$H$_3$O$_2$·3H$_2$O）/（g·L^{-1}）			30~50		
氨水（NH$_3$·H$_2$O）/（mL·L^{-1}）				40~50	65
琥珀酸乙辛磺酸钠（1%）/（滴·L^{-1}）	7~8				
羟基乙酸钠（Na$_3$C$_2$H$_3$O$_3$）/（g·L^{-1}）			10~30		
碳酸钠（Na$_2$CO$_3$）/（g·L^{-1}）				30~50	
酒石酸钾钠［KNaH$_4$C$_4$O$_6$·2H$_2$O］/（g·L^{-1}）					30~50
pH	9~10	10~11	5~6	9.5~10	8.5~10
温度/℃	70~72	65~70	60~65	45~50	60~65
沉积速度/（μm·h^{-1}）	20	15		10~15	15~20

（4）化学镀镍溶液中各成分的作用。化学镀镍溶液中通常由镍盐、还原剂、络合剂、pH缓冲剂以及各种添加剂组成。其作用如下：

①镍盐：化学镀镍溶液的主盐，它提供化学镀镍所需要的Ni^{2+}。通常采用的镍盐为硫酸镍，或氯化镍、碳酸镍等。提高镀液中镍盐的浓度可以提高沉积速度，但镀液的稳定性下降。

②还原剂：次磷酸钠是化学镀镍溶液中的还原剂，它通过自身的氧化使镀液中的Ni^{2+}还原为Ni而形成镀层。镀液中次磷酸钠的用量主要取决于镍盐浓度，镍盐与次磷酸钠含量比过低时，镀层发暗，镀液稳定性下降，比值过高时沉积速度很慢。这一比值还直接影响镀层中的磷含量，比值越低，磷含量越高。

③络合剂：化学镀镍溶液中的络合剂通过和Ni^{2+}生成稳定的络合物，阻止氢氧化镍和亚磷酸镍沉淀的生成，从而避免镀液中的自然分解并控制镍沉积反应的速度，且有利于得到结晶细致光亮的镀层。镀液中常用的络合剂有柠檬酸、乳酸、乙醇酸、苹果酸、琥珀酸二焦磷酸钠、氯化铵等。

④pH缓冲剂：由于化学镀镍溶液的稳定性、沉积速度及镀层质量受镀液pH的影响很大，需加入pH缓冲剂以稳定镀液的pH。常用的pH缓冲剂有醋酸钠、硼酸、氯化铵和柠檬酸钠等。

⑤稳定剂：化学镀镍溶液中常有一些胶粒和固体微粒存在，它们作为催化中心将加速镀液的自分解。为此，常在镀液中加入微量稳定剂，它们优先吸附在胶粒和固体微粒表面，阻碍了镍在这些粒子上的还原，从而提高了镀液的稳定性。

常用的稳定剂有硫代硫酸盐、硫脲、磺原酸乙酯、钼酸盐、铅离子、镉离子等。

⑥光亮剂：一般的化学镀镍层是半光亮的，为获得光亮的化学镀镍层，可在镀液中加入光亮剂。可用作光亮剂的物质有：苯二磺酸钠、对甲苯磺酸胺、硫脲、硒酸、镉盐、铅盐等。

⑦增速剂：镀液中络合剂和稳定剂的加入会降低镍的沉积速度，为此常在镀液中加入增速剂来提高沉积速度。可用作增速剂的物质有：乳酸二羟基乙酸、琥珀酸、丙酸、醋酸以及它们的盐类，氟化钠也有明显的增速作用。

3. 化学镀铜

（1）概述。化学镀铜得到的铜层为纯铜，耐蚀性差，一般只作为导电底层使用。化学镀铜主要用于非金属电镀的底层、印刷线路板孔金属化和电子仪器的电磁屏蔽层等。

化学镀铜溶液由主盐、还原剂、络合剂以及添加剂组成。

生产上以硫酸铜为主盐，甲醛为还原剂。由于甲醛在碱性条件下才具有足够的还原能力，故镀液中需加入络合剂以防止氢氧化铜沉淀的生成。

（2）反应机理。在碱性镀液中，以甲醛为还原剂的沉积反应可表示如下：

$$Cu^{2+}+2HCHO+4OH^- \xrightarrow{\text{催面}} Cu+2HCOO^-+2H_2O+H_2\uparrow$$

同时还有三个副反应：

$$2HCHO+4OH^- \longrightarrow CH_3OH+HCOO^-$$

$$2Cu^{2+}+HCHO+5OH^- \longrightarrow Cu_2O+HCOO^-+3H_2O$$

$$Cu_2O+3H_2O \longrightarrow Cu+Cu^{2+}+2OH^-$$

（3）工艺条件见表1-39。化学镀铜溶液常采用的络合剂有酒石酸盐、EDTA以及酒石酸盐与EDTA的混合络合剂。不同络合剂形成的化学镀铜工艺各有特点。

表1-39　化学镀铜镀液组成及工艺条件

溶液组成及工艺条件	1	2	3	4	5	6
硫酸铜/（g·L^{-1}）	7~9	10~15	15	10~15	16	30
甲醛/（mL·L^{-1}）	11~13	10~15	8~18	5~8	16	150
酒石酸钾钠/（g·L^{-1}）	40~50	40~60	60		15	140
EDTA二钠/（g·L^{-1}）				30~45	24	12
三乙醇胺/（g·L^{-1}）						5
甲醇/（g·L^{-1}）	60~70	30~150				
亚铁氰化钾/（g·L^{-1}）		0.01~0.02			0.012	
α,α′-联吡啶/（g·L^{-1}）				0.01	0.024	
对甲苯磺酰胺/（g·L^{-1}）			0.06~0.1			
氯化镍/（g·L^{-1}）			5			
氢氧化钠/（g·L^{-1}）	7~9	8~14	2	20	14	50
硫代二苷酸/（g·L^{-1}）			10~15			0.01
pH	11.5~12.5	11.5~13.5	12.5~13.5	13.5	13~13.54	11.5
温度/℃	25~30	15~40	15~40	25~40	0	20
沉积速度/（μm·h^{-1}）		0.4~0.5	2~4	2	7~9	20

以酒石酸盐为络合剂的镀液稳定性差，工作温度低，沉积速度较慢，镀层耐韧性差，但成本较低。

以EDTA为络合剂的镀液稳定性好，工作温度高，沉积速度较快，能得到较厚的镀层，且镀层性能好，但成本较高。

以酒石酸盐和EDTA为络合剂的镀液稳定性好，沉积速度快，能得到较厚的镀层，镀层性能也好，且成本比以EDTA为络合剂的镀液低。

（4）镀液中各组分的作用。主盐、还原剂和络合剂是化学镀铜溶液的基本组分。为改善镀液的稳定性及所镀镀铜层的性能，镀液组分中往往还包括多种添加剂。

①主盐：硫酸铜是化学镀铜溶液的主盐，它提供化学镀铜所需的铜离子。镀液中铜离子浓度越高，沉积速度越快。当铜离子浓度高达一定值时，沉积速度趋于恒定。由于镀液中的铜离子浓度对所得铜镀层质量影响不大，故其浓度允许在较宽范围内变化。

②还原剂：目前化学镀铜普遍采用的还原剂是甲醛。化学镀铜过程中，甲醛氧化使得镀液中的Cu^{2+}还原为金属铜沉积在镀件表面。甲醛的还原能力与镀液的pH、温度及甲醛的浓度密切相关。随镀液pH及温度升高，镀液中的甲醛浓度增加，甲醛的还原能力增强。

③络合剂：化学镀铜溶液均为碱性，还需加入络合剂，使其与铜离子形成稳定络合物以防止氢氧化铜沉淀生成。目前化学镀铜广泛使用的络合剂有酒石酸盐、EDTA以及酒石酸盐与EDTA的混合络合剂，且酒石酸盐尚具有pH缓冲功能。

④添加剂：化学镀铜溶液中常加入α,α′-联吡啶、氰化物及硫氰化物等，它们可与Cu$^+$形成稳定的络合物，从而防止Cu$_2$O和Cu微粒的生成，提高镀液稳定性。镀液中还可以加入聚乙二醇、聚乙烯醇、明胶等，它们通过吸附于分布在镀液中的铜微粒表面，提高镀液的稳定性。镀液中加入钙离子可提高铜的沉积速度，锑和铋离子能提高镀液稳定性和镀层韧性，但降低了铜的沉积速度。镀液中还需加入NaOH或碳酸钠，维持镀液高的pH。还可在镀液中添加润湿剂以利于氢气析出，减轻镀层的氢脆性。

第二章　电镀实验

实验一　阴极电流效率的测定

一、实验目的

（1）掌握库仑计法测量电镀液阴极电流效率的方法；

（2）了解库仑计法测量电镀液阴极电流效率的基本原理及用途；

（3）测定镀锌溶液的阴极电流效率。

二、实验原理

阴极电流效率，即在电镀时，实际在阴极上析出（或溶解）物质的质量与理论计算值之比。在实际生产中通过镀槽的总电量，除用来金属离子放电生成金属镀层外，还有一部分消耗在氢离子放电和其他副反应上，最终导致阴极电流效率下降。电镀液中电流效率的大小反映了通过镀槽的电量的利用率。当电流密度相同时，电流效率越高，该镀液的阴极沉积速度越快，即功效就高。不同的镀种，或同一种镀种不同的配方电流效率都不同，电流效率是评定电镀工艺优劣的技术指标之一。

在电镀生产中，人们都希望镀液的阴极电流效率高一些，因为阴极电流效率高，说明电能利用率高，节约能源。在相同的电流密度下，沉积相同厚度的镀层，阴极电流效率高，则所用的电镀时间短，提高了工作效率。阴极电流效率高的镀液，在电镀过程中阴极析出的氢气少，一方面可以减少析出的氢原子向镀层和基体内部渗透而引起的镀层和基体的氢脆性；另一方面可以减少气雾带出的镀液损失和对环境的污染。综合上述原因，在保证镀层质量的前提下，要选择阴极电流效率高的镀液体系。电镀液阴极电流效率的测定方法包括库仑计法、安时法等。

所谓阴极电流效率，是指流过镀槽的总电量与沉积金属所用的电量的百分比，其计算公式如下：

$$\eta_c = Q_1/Q \times 100\% \tag{2-1}$$

式中：η_c——阴极电流效率；

　　　Q_1——金属沉积实际消耗的电量，C；

　　　Q——通过电极的总电量，C。

根据法拉第第一定律：电流通过电解液时，在电极上析出（或溶解）物质的质量（m）

与通过的电量（Q）成正比。根据法拉第第二定律：在各种不同的电解质溶液中，通过相同的电量时，在电极上析出的每种物质的质量与该物质以原子为基本单元的摩尔质量M成正比，与参加反应的电子数成反比。根据这两个定律，可得到如下公式：

$$Q=\frac{m}{M}\times F \qquad\qquad (2-2)$$

式中：Q——电量，C；

      m——析出物质的质量，g；

      M——析出物质的原子质量/原子价数，g；

      F——法拉第常数，96500C。

阴极电流效率则可以用下式表示：

$$\eta_c=\frac{Q_1}{Q}\times100\%=\frac{\frac{m_1}{M}}{\frac{m}{M}}\times100\%=\frac{m_1}{m}\times100\%$$

式中：m_1——电极上实际沉积金属的质量，g；

      m——通过电极的总电量全部用来沉积出金属质量的理论值，g。

库仑计是一种用来精确测量电量的装置。实验室常用的是质量库仑计，质量库仑计是根据法拉第定律，通过测量电极上沉积出金属的总质量来计算通过电解池的总电量的，即$Q_1=Q$、$m_1=m$。如果把库仑计和一个待测镀槽串联在线路中，通过待测镀槽的总电量就是通过库仑计的总电量$Q=m_0/M_0$（m_0是库仑计阴极上沉积金属的质量，M_0是库仑计沉积金属的相对原子质量/原子价数），因此只要我们测出在待测镀槽上的阴极沉积金属的质量就可以求出待测槽的阴极电流效率，如下式所示：

$$\eta_c=\frac{Q_1}{Q}\times100\%=\frac{\frac{m_1}{M_1}}{\frac{m_0}{M_0}}\times100\%=\frac{m_1M_0}{m_0M_1}\times100\%$$

式中：η_c——阴极电流效率，%；

      m_1——待测镀槽镀后阴极试片的增重，即沉积出金属的质量，g；

      M_1——待测镀槽阴极沉积金属的原子质量/原子价数，g；

      m_0——铜库仑计镀后阴极试片的增重，即沉积出金属铜的质量，g；

      M_0——铜的原子质量/原子价数，31.77g。

除此之外，要求库仑计必须具备下述条件：

（1）电极反应中没有副反应；

（2）电解槽中没有漏电现象；

（3）电极上析出的物质能全部收集起来而无任何损失。

三、实验仪器及药品

仪器：直流稳压电源、铜库仑计、烘箱、分析天平、托盘天平、电热吹风机、滤纸、搅拌装置、恒温装置、量筒、温度计、纯锌阳极。

药品：电解铜片、硫酸（$d=1.84$）、硝酸、硫酸铜（$CuSO_4\cdot5H_2O$）、乙醇、氯化锌、氯化钾、硼酸、氯锌光亮剂、氢氧化钠、碳酸钠、磷酸钠（$Na_3PO_4\cdot12H_2O$）、硅酸钠。

四、实验内容

1. 铜库仑计电解液组成

铜库仑计所用的电解液组成为硫酸铜（$CuSO_4 \cdot 5H_2O$）125g/L，硫酸（d=1.84）25mL/L，乙醇50mL/L。

2. 铜库仑计装置

铜库仑计简单的装置就像一个电镀铜的小镀槽，容积为1L。阳极用电解铜片，挂在电解槽的两壁上，阴极可用铜片，放在两阳极中间，尽可能与阳极平行。

阴极面积（指浸入镀液的两面计算）大小的选择原则是：先计算出待测镀槽流经的最大电流强度，在该电流强度时库仑计的阴极电流密度不应超过2A/dm²，因为库仑计的阴极电流密度超过2A/dm²以后，铜镀层粗糙，容易脱落铜粒或铜粉，而影响库仑计的精度。

库仑计法测量阴极电流效率线路如图2-1所示，其中A为直流电流表，精度为0.5级。

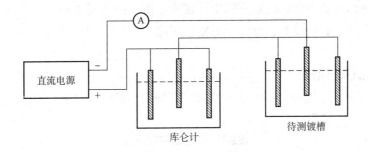

图2-1 库仑计法测量阴极电流效率线路示意图

3. 实验溶液

按工艺要求配制实验溶液，见表2-1。

表2-1 氯化钾镀锌工艺条件

溶液组成及工艺条件	数值
氯化锌/（g·L⁻¹）	60~70
氯化钾/（g·L⁻¹）	180~220
硼酸/（g·L⁻¹）	25~35
氯锌光亮剂/（mL·L⁻¹）	14~18
pH	4.5~6
电流密度/（A·dm⁻²）	0.5~3
时间/min	5~10
温度/℃	10~55

4. 实验步骤

（1）把铜库仑计用的镀液和待测镀液分别加入库仑计槽和待测镀槽中，并分别放入所需阳极。

（2）由于电流效率与电流密度有关系，通常要测出不同电流密度下的电流效率，因此首先要确定待测几个电流密度的值，根据待测镀槽用的阴极面积计算出不同电流密度所对应的电流强度。

（3）把库仑计和待测镀槽用的阴极试片进行除油和酸洗，先用水洗净后，再用滤纸吸去水分，放入烘箱中在105~110℃的温度下干燥10~15min（或用电热吹风机吹干），待试片冷却至室温后，在分析天平上精确称量，记录数据。

（4）按库仑计法测量阴极电流效率线路示意图2-1接好线路，接通电源，调整电流为第1个电流密度下的电流强度值，电镀15min左右。

（5）镀好后，立即取出库仑计和待测镀槽用的阴极试片，先用水洗净后，再用滤纸吸去水分，放入烘箱中在105~110℃的温度下干燥10~15min（或用电热吹风机吹干），待试片冷却至室温后，在分析天平上精确称量，记录数据。

（6）用上述同样的方法，测量不同电流密度下的阴极电流效率。

（7）清洗台面，收拾仪器，保持台面整洁干净。

五、分析方法及数据处理

依照电流效率的计算公式，计算出酸性镀锌溶液的阴极电流效率。实验数据填入表2-2。

表2-2　实验数据记录表

镀锌阴极面积：_____dm²，温度：_____℃，槽液成分：_____

电流强度 /（A · dm⁻²）\阴极试片增量变化	铜库仑计阴极/g			镀锌槽阴极/g			η_c
	通电前重（a）	通电后重（b）	增重 $W_{Cu}=b-a$	通电前重（c）	通电后重（d）	增重 $W_{Zn}=d-c$	
1							
2							
3							

六、注意事项

（1）要想测得较精确的电流效率、减少误差，必须精确地测出通过电解池的总电量Q。

（2）用来测量镀液电流效率的库仑计应具备以下特点：通过电解池的电量全部用于金属离子的放电，生成金属而沉积在阴极上，没有副反应发生，电流效率为100%。

（3）铜库仑计在使用时，由于在阴极上析出的铜比较活泼，易与电解液中的Cu^{2+}作用而转化成Cu^+，即$Cu+Cu^{2+}\Longrightarrow 2Cu^+$，这样就减少了在阴极上析出金属铜的质量，影响了测量精度。在电解液中加入一定量的乙醇可以大大减少上述反应的发生，保证测量的精度。

思考题

1. 银库仑计和铜库仑计相比，哪个精度更高？为什么？
2. 电镀生产中为什么希望镀液的阴极电流效率高？
3. 为什么大多数镀液阴极电流效率不能达到100%？
4. 测量镀液阴极电流效率时，选择阴极面积的原则是什么？

实验二　电镀液分散能力的测定

一、实验目的

（1）掌握哈林槽测定电解液分散能力的方法。
（2）了解哈林槽的结构和用途。
（3）测定镀铬电解液的分散能力。

二、实验原理

人们常采用"分散能力"来评定金属或电流在阴极表面的分布情况。所谓分散能力（或称均镀能力）是指电解液使零件表面镀层厚度均匀分布的能力。因此，分散能力是金属在阴极表面上分布均匀程度的量度。在各种电镀工艺中，络盐电镀分散能力优于单盐电镀，如氰化物电镀液分散能力很高，酸性镀铜、酸性镀锌等简单盐电解液的分散能力较差，镀铬液的分散能力更差。

在电镀生产实践中，金属镀层的厚度及镀层的均匀性与完整性是检验镀层质量的重要指标之一，因为镀层的防护性能、孔隙率等都与镀层厚度有直接关系，特别是阳极性镀层，随着厚度增加，镀层的防护性能也随之提高。如果镀层厚度不均匀，往往在其最薄的地方首先被破坏，其余部位镀层再厚也会失去保护作用。

镀液的分散能力与镀液的性能和通过电极的电流多少有关。由法拉第定律可知，镀层厚度的均匀性主要反映为阴极表面上电流分布的均匀性。如果电流在阴极表面分布均匀，一般说来镀层的厚度也均匀。但是，在实际电镀过程中，由于零件外形复杂及电解液性能不同，往往在其表面上电流的分布不均匀，造成镀层厚度也不均匀。测定电镀液的分散能力的方法有远近阴极法、弯曲阴极法和霍尔槽法。若对电镀液的分散能力进行比较，一般采取同一测试方法做平行比较，不同的方法不能直接比较镀液分散能力的好坏。

1. 基本原理

远近阴极法也称为矩形槽法（哈林槽）或称量法，基本原理是在哈林槽中放入两片尺寸相同的阴极试片，放在哈林槽的两端，在两个阴极试片中间放入与阴极尺寸相同带孔的或网状阳极，使远阴极和近阴极与阳极的距离比为5：1（$K=5$）或2：1（$K=2$）。电镀一段时间后，称量远、近阴极上沉积金属的增重，然后按下式计算镀液的分散能力：

$$T=\frac{K\dfrac{m_1}{m_2}}{K}\times100\%$$ （2-3）

式中：T——分散能力，%；

   K——远阴极和近阴极与阳极的距离比；

   m_1——近阴极上沉积出的金属质量，g；

   m_2——远阴极上沉积出的金属质量，g。

2. 哈林槽实验装置

实验装置及接线见图2-2，图中直流电源的电压是连续可调的，并有电流表；哈林槽用有机玻璃制作，内腔尺寸为150mm×50mm×70mm，在槽的两侧内均匀地开5个小槽用来插阳极（即把哈林槽分为6等份）；阴极试片的尺寸是50mm×80mm，厚度为0.2~0.5mm，试片的背面要用绝缘漆涂好；阳极试片可选择含7%~12%锡的Pb—Sn合金板或钛板上镀铂，尺寸为52mm×80mm，厚度为2~3mm，试片要有均匀的小孔，孔径为2~3mm，以便于镀液的流动，尽量减少远、近阴极区的镀液成分的差异。

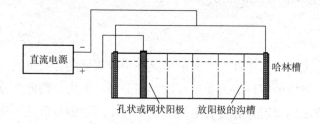

图2-2　哈林槽实验装置及接线示意图

三、实验仪器及药品

仪器：直流电源、哈林槽、搅拌装置、恒温装置、烘箱、分析天平、托盘天平、烧杯、量筒、温度计、格尺、Pb—Sn合金阳极（52mm×80mm×2mm）。

药品：铜试片（50mm×80mm×0.5mm）、硫酸、铬酐、双氧水、草酸、葡萄糖、抑雾剂、氢氧化钠、碳酸钠、磷酸钠（$Na_3PO_4·12H_2O$）、硅酸钠。

四、实验内容

1. 实验溶液

按普通镀铬工艺配制试验溶液，其工艺条件见表2-3。

表2-3　普通低浓度镀铬工艺

溶液组成及工艺条件	数值
铬酐/（g·L⁻¹）	150~180
硫酸/（g·L⁻¹）	1.5~1.8
三价铬/（g·L⁻¹）	2~3
抑雾剂	少量
温度/℃	45~55
阴极电流密度/（A·dm⁻²）	20~40

2. 实验溶液的配制

（1）取2/3体积的去离子水，加入计量的铬酐，搅拌使其溶解，然后补充硫酸，加去离子水到规定体积。

（2）取样检测CrO_3和H_2SO_4浓度，根据检测结果使其达到工艺要求。

（3）通常加入30%双氧水10mL/L约产生Cr^{3+}2~2.5g/L；加乙二酸3.7g/L约产生Cr^{3+}1g/L；加入葡萄糖0.5g/L可增加Cr^{3+}约1g/L。

3. 实验步骤

（1）在哈林槽中加入镀铬溶液，液面距槽口10mm。

（2）铜试片经除油、酸洗，水洗净后，放入烘箱在100~110℃温度下烘干15min（或用电热吹风机吹干），取出冷却后，称量，记录质量。

（3）把阳极放在哈林槽中，距离比K值可选5或2，按图2-2接好线路，按铜试片浸入镀液的面积和使用的电流密度计算出电流强度，接通直流电源，试片带电入槽，按算出的电流强度电镀15~20min。

（4）取出铜试片，水洗净后，放入烘箱在100~110℃温度下烘干15min（或用电热吹风机吹干），取出冷却后，称量，记录质量。

五、分析方法及数据处理

按式（2-3）计算镀铬溶液的分散能力。

计算分散能力的公式有几种形式，而且选用K值不同其结果也不同。

当$K=5$，$m_1=m_2$时，分散能力最佳，$T=80\%$；

当$K=5$，$m_2=0$时，也就是说远阴极上无镀层，分散能力最差，$T=-\infty$；

当$K=2$，$m_1=m_2$时，分散能力最佳，$T=50\%$；

当$K=2$，$m_2=0$时，分散能力最差，$T=-\infty$。

从上述情况可以看出，无论K选5或2，分散能力最好时也不是100%，为此提出了修正公式（2-4）：

$$T=\frac{K-\dfrac{m_1}{m_2}}{K-1}\times 100\% \qquad (2-4)$$

应用式（2-4）计算镀液的分散能力时，当$K=5$或$K=2$，$m_1=m_2$时，分散能力最好，$T=100\%$；$K=5$或$K=2$，$m_2=0$时，也就是说远阴极上无镀层，分散能力最差，$T=-\infty$时。

式（2-4）中存在分散能力最差时$T=-\infty$，没有数值的概念，因此又提出修正式（2-5）：

$$T=\frac{K-\dfrac{m_1}{m_2}}{K+\dfrac{m_1}{m_2}-2}\times 100\% \qquad (2-5)$$

应用式（2-5）计算镀液的分散能力时，当$K=5$或$K=2$，$m_1=m_2$时，分散能力最好，$T=100\%$；$K=5$或$K=2$，$m_2=0$时，也就是说远阴极上无镀层，分散能力最差，$T=-100\%$。

六、注意事项

（1）几何形状简单的镀件比几何形状复杂的镀件的镀液分散能力要好，为了提高几何形状复杂镀件的镀液分散能力，可以采用象形阳极的方法。

（2）从理论上讲阴极与阳极的距离越大，越有利于提高镀液的分散能力，但实际上镀槽的大小会受到各种因素的限制，而且阴极与阳极的距离增大，溶液电阻增加，提高了电能的消耗，因此要综合考虑。

（3）阴极极化度值越大，镀液分散能力越好。为了提高阴极极化和极化度，可在镀液中适当添加少量配合剂和添加剂，以改善镀液的分散能力。

（4）导电盐的加入只提高镀液的导电性，对镀液的分散能力无多大影响。

（5）电流效率随电流密度变化对镀液分散能力具有一定的影响：

①电流效率不随电流密度的变化而变化，或变化很小，镀液的分散能力与电流效率无关；

②电流效率随电流密度升高而下降，这种情况可使镀液的分散能力得到改善；

③电流效率随电流密度升高而升高，这种情况在阴极电流密度高的部位，其电流效率也高，在电流密度低的部位，其电流效率也低，从而造成镀液分散能力恶化。

（6）计算分散能力的公式是人为确定的，计算结果是个相对值，因此人们在评价和比较镀液的分散能力时一定要注意应该使用统一计算公式和选用相同的K值。

思考题

1．为什么几何形状复杂的镀件的镀液分散能力比几何形状简单的镀件镀液的分散能力要差？可采用什么方法解决？为什么？

2．对出现边缘效应的镀件应采取什么补救措施？

3．能否用霍尔槽测定电解液的分散能力？

4．电流效率对电解液分散能力恶化有什么影响？

5．无论阴极极化度大小如何，只要提高电解液导电能力，就能改善电解液的分散能力吗？

6．用不同方法测得的镀液分散能力能否进行比较？为什么？

实验三　电镀液覆盖能力的测定

一、实验目的

（1）掌握内孔法测定电镀液覆盖能力的方法。

（2）了解内孔法测定电镀液覆盖能力的原理及用途。

（3）测定酸性镀锌溶液的覆盖能力。

二、实验原理

1. 概述

电镀液的覆盖能力（深镀能力）是电镀液的重要性能之一，是指电镀液在镀件的深凹部位或内孔中能否镀上镀层的能力。

电镀液的覆盖能力与电流的分布以及极限电流密度对临界电流密度的比有关，比值越大，电镀液的覆盖能力越好，反之越差。此外，基体金属的本性、组织的均匀程度和表面状态对镀液的覆盖能力都有较大的影响。

电镀液覆盖能力的测定方法包括直角阴极法、内孔法、凹穴法和平行阴极法。测量镀液的覆盖能力如同测量镀液的分散能力一样，在使用时一般都是选用同一种方法做平行比较，不同的方法之间不能直接比较镀液覆盖能力的好坏。

2. 实验原理

要想在阴极上沉积金属，阴极极化电位必须达到某一最小值，它所对应的电流密度称为临界电流密度 $i_{c临界}$，$i_{c临界}$ 的大小取决于基体金属和被沉积金属本身的性能以及电解液的组成和工艺条件等因素。例如，酸性镀铜中的 $i_{c临界}$ 为几毫安每平方分米，而电镀铬时的 $i_{c临界}$ 为 $10 \sim 20 A/dm^2$。

电镀时，在镀件的深凹部位或在镀件受遮盖的部位由于电力线的影响，电流分布不均匀，个别部位的实际电流密度可能低于临界电流密度，因而没有金属的沉积，往往为了使这些部位也能沉积上金属，而尽量提高使用的电流密度，但是电流密度不能无限制地提高，当超过一定限度时，镀件的边角或尖端部位电力线过度集中，会有烧焦现象出现，使镀层质量变坏，把此时的电流密度称为极限电流密度 $i_{c极限}$。

往往电镀液的覆盖能力与电流的分布以及极限电流密度对临界电流密度之比有关。$i_{c极限}/i_{c临界}$ 的值越大，电镀液的覆盖能力越好。这种比值在实验中常以试片无镀层面积或长度与受镀面积或长度的比值来代替。

电镀液覆盖能力测定的方法很多，其中内孔法是选择有内孔的圆管作镀件，采用一定的方法进行电镀，然后纵向切开圆管，观察圆管内壁镀层的长度，按式（2-6）来评定镀液的覆盖能力，如图2-3所示。

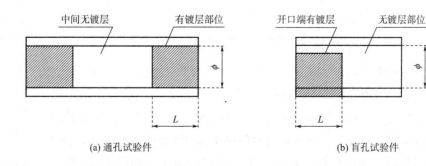

(a) 通孔试验件　　　　　　　　　　(b) 盲孔试验件

图2-3　镀后切开的示意图

测量内壁镀层的长度，用内壁镀层的长度L和管径ϕ的比值L/ϕ的大小来评定镀液的覆盖能力，计算式（2-6）如下：

$$镀液的覆盖能力 = \frac{L}{\phi} \times 100\% \qquad (2-6)$$

三、实验仪器及药品

仪器：直流电源、矩形槽、搅拌装置、恒温装置、托盘天平、量筒、电吹风、钢锯、温度计、格尺、纯锌阳极。

药品：铜管试样（$\phi 10mm \times 100mm$，壁厚1mm）、氯化锌、氯化钾、硼酸、氯锌光亮剂、硝酸、氢氧化钠、碳酸钠、磷酸钠（$Na_3PO_4 \cdot 12H_2O$）、硅酸钠。

四、实验内容

1. 试样选择

被测试样选用黄铜管或紫铜管，长度为100mm，$\phi =10mm$，管壁厚为1mm左右。阳极采用纯锌板。

2. 溶液选择

按氯化钾镀锌工艺配制溶液，见表2-4。

表2-4　氯化钾镀锌工艺

溶液组成及工艺条件	数值
氯化锌/（g·L^{-1}）	60~70
氯化钾/（g·L^{-1}）	180~220
硼酸/（g·L^{-1}）	25~35
氯锌光亮剂/（mL·L^{-1}）	14~18
pH	4.5~6
电流强度/A	0.5~3
时间/min	5~10
温度/℃	10~55

3. 试样悬挂方式

试样在镀槽中悬挂可分为三种形式：

（1）用双阳极，通孔圆管水平放置在镀槽中间。实验装置见图2-4（a）。

（2）用双阳极，通孔圆管垂直放置在镀槽中间。实验装置见图2-4（b）。

（3）用单阳极，试样长度为50mm，且一端管口封闭（即形成盲孔管），盲孔圆管水平放置在镀槽一端，封闭端靠近镀槽壁，开口端对着阳极。实验装置见图2-4（c）。

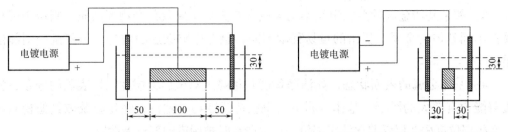

(a) 双阳极，通孔圆管水平放置在镀槽中间　　　(b) 双阳极，通孔圆管垂直放置在镀槽中间

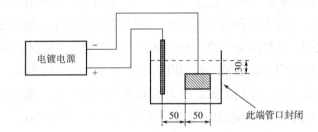

(c) 单阳极，盲孔圆管水平放置在镀槽一端

图2-4　内孔法测量镀液覆盖能力试验装置示意图

4．实验步骤

（1）按工艺要求配制实验溶液，并倒入矩形槽中。

（2）铜试样需除油、除锈，彻底清洗处理。

（3）将处理好的试样，按图2-4接好线路，试样按选择的悬挂形式悬挂，使其位置固定。

（4）选择适宜的电流密度，按实际试样的内外壁的面积计算电流强度，电镀15~20min。

（5）镀后彻底清洗镀件，用电热吹风机吹干待测。

五、分析方法及数据处理

把待测试样纵向切开（图2-3），测量试样内壁镀层长度L值，按式（2-6）评定镀锌溶液的覆盖能力。

六、注意事项

（1）电镀溶液的分散能力和覆盖能力是两个概念，分散能力是说明镀层在阴极表面分布的均匀程度，而覆盖能力是指金属在阴极表面有无镀层的问题。影响两个性能的因素，有些是相同的，一般分散能力好的镀液，往往覆盖能力也要好一些。

（2）在同样的镀液中，工艺条件也相同，使用同样的镀件，则某些基体金属上可以获得完整的镀层，而在另一些基体金属上只能获得部分镀层。可见，不同的基体金属，镀液的覆盖能力是有差别的，例如电镀铬的覆盖能力最差，铜基体最好，镍和黄铜基体较好，而钢铁基体较差。

（3）如果基体金属的金相组织不均匀或含有其他金属及化合物等杂质，则由于沉积的金属在不同基体的金属上析出的难易程度不同，也会影响镀层的均匀性，甚至个别部位无镀层。

（4）基体金属的表面状态，如洁净程度和粗糙度对金属镀层在阴极表面的分布，特别对覆盖能力有较大的影响。基体金属不洁净包括锈蚀物、油污、钝化膜及被其他物质污染等，这些部位沉积镀层就要比洁净部位困难，严重时被污染的部位无镀层。

（5）为了改善镀液的覆盖能力，在生产中常采用两种措施：一种措施是采用"冲击电流"的方法，就是在开始通电的瞬间采用大电流密度（一般比正常的电流密度高出2倍以上）镀1min左右，其目的是使难沉积的部位在大电流密度情况下瞬间沉积上金属。值得注意的是，冲击镀的时间不能过长，否则电流密度过大会引起烧焦现象发生。另一种措施是采用"镀中间层"的方法，就是在覆盖能力较差的基体金属上，首先镀一层覆盖能力较好的镀层作为中间层，再进行正常的电镀，以利于获得连续均匀的镀层。

思考题

1．覆盖能力好的电解液，其分散能力也一定好吗？

2．"表面光洁度高的基体金属的覆盖能力要好于表面相对粗糙的基体金属的覆盖能力"，这句话对吗？为什么？

3．试述影响镀液覆盖能力的因素。

4．实际生产中为改善镀液的覆盖能力常采用哪些措施？

5．内孔法测定镀液的覆盖能力，其试样的悬挂方式有几种？

6．用不同的方法测得的覆盖能力值能否进行比较？为什么？

实验四　电镀液极化曲线的测定

一、实验目的

（1）掌握电镀液极化曲线的测定方法。

（2）了解电镀液极化曲线测定的基本原理和用途。

（3）采用恒电位扫描法测出镀锌溶液的极化曲线。

二、实验原理

1. 概述

极化曲线是指通过电极的电流密度与电极电位的函数关系曲线。极化曲线一般分为阴极极化曲线和阳极极化曲线。当电极的极化电位向正向移动时，测得的极化曲线是阳极极化曲线；当电极的极化电位向负向移动时，测得的极化曲线是阴极极化曲线。

在电镀工艺研究中，测量镀液的极化曲线是一项很重要的手段，对于实际生产也有一定的指导意义。因为电极的极化直接影响镀层的质量，通过测量阴极极化曲线可以研究镀液中各组分，尤其是配位剂、添加剂对极化的影响以及研究工艺条件对极化的影响。通过测量阳极极化曲线可以研究电镀阳极的溶解或钝化行为，也可以研究镀层的耐蚀性能。

极化曲线的测量方法按测量的函数对象可分为恒电流法和恒电位法两种。恒电流法测极化曲线，即给定一个电流密度，测量对应的电极电位值，用测得的一系列电流密度及对应的电极电位画出极化曲线。恒电位法测极化曲线，即给定一个电极电位，测量对应的电流密度值，用测得的一系列的电极电位及电流密度值画出极化曲线。恒电位法比恒电流法优越，应用较多，尤其是测量阳极极化曲线时，因为有时在一个电位可能同时对应有两个电流密度值。

2. 实验原理

由电化学理论可知，在外线路无电流通过时，电极上的氧化还原反应处在平衡状态，此时的电极电位称为平衡电极电位（E_{eq}）。当电极上有电流通过时，氧化还原的平衡状态被破坏，电极电位偏离平衡电极电位，这种现象称为电极极化，此时的电极电位称为极化电位（E）。如果电极的极化电位向正向偏移，即$E>E_{eq}$，为阳极极化（E_a）；如果电极的极化电位向负向偏移，即$E<E_{eq}$，为阴极极化（E_c）。通常把极化电位偏离平衡电位的电位值称为过电位（η），可用式（2-7）表示如下：

$$\eta=E-E_{eq}$$

式中：η ——过电位，V；

E ——极化电位，V；

E_{eq}——平衡电位，V。

电极极化电位的大小与通过电极的电流密度有关系，电流密度与电极电位的关系曲线称为极化曲线。当电极的极化电位向负向移动时，测得的极化曲线为阴极极化曲线，如图2-5所示。

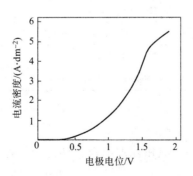

图2-5 恒电位法测得的阴极极化曲线

测量极化曲线采用三电极体系，即研究电极、参比电极和辅助电极。研究电极和辅助电极构成极化回路，研究电极和参比电极构成测量回路。电解池用三池电解池或五池电解池，如图2-6所示。

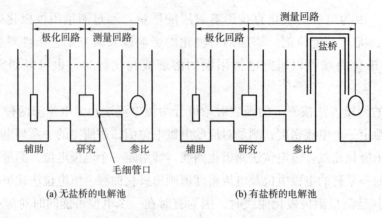

图2-6 测量极化曲线的三池电解池装置

研究电极材料可以根据实际电镀零件的材料确定，研究电极的面积尺寸应该是一定的，制备电极时应把非测量部分用绝缘漆封好，因为极化曲线是电流密度和极化电位的关系曲线，只有被测电极的面积准确，电流密度才能准确，才能保证测量的精度。辅助电极材料可以与实际电镀用的阳极材料相同，也可以用不溶性阳极，如铂电极等。电极面积是研究电极面积的1.5~2倍。参比电极根据镀液体系的阴离子选取，如果没有合适的参比电极，可用有盐桥的装置进行测量。

几种常用参比电极的电极电位如表2-5所示。

表2-5 几种常用参比电极的电极电位（T=25℃）

参比电极	电极体系	电极电位/V
氢电极	$Pt \cdot H_2/H^+$（a_{H^+}=1）	0
饱和甘汞电极	$Hg/Hg_2Cl_2 \cdot KCl$（饱和）	0.2415
甘汞电极（1mol/L）	$Hg/Hg_2Cl_2 \cdot KCl$（1mol/L）	0.2800
甘汞电极（0.1mol/L）	$Hg/Hg_2Cl_2 \cdot KCl$（0.1mol/L）	0.3337
氯化银电极	$Ag/AgCl \cdot KCl$（0.1mol/L）	0.290
氧化汞电极	$Hg/HgO \cdot KOH$（0.1mol/L）	0.165
硫酸亚汞电极	$Hg/Hg_2SO_4 \cdot H_2SO_4$（0.05mol/L）	0.316

三、实验仪器及药品

仪器：电化学综合测试仪、饱和甘汞电极、纯锌板、托盘天平、恒温装置、温度计、烧杯。

药品：氯化锌、氯化钾、硼酸、硝酸、氢氧化钠、碳酸钠、硅酸钠、磷酸钠（$Na_3PO_4 \cdot 12H_2O$）。

四、实验内容

1. 测量装置

恒电位扫描法也称为动电位扫描法，由信号发生器控制恒电位仪做电位自动扫描，极化曲线直接在函数记录仪上画出。恒电位扫描法测定极化曲线装置如图2-7所示。

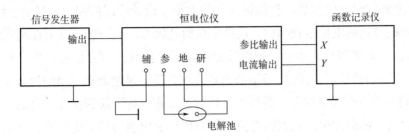

图2-7 恒电位扫描法测定极化曲线装置示意图

2. 溶液选择

按氯化钾镀锌工艺配制实验溶液，见表2-6。

表2-6 氯化钾镀锌工艺

溶液组成及工艺条件	数 值
氯化锌/（g·L^{-1}）	60~70
氯化钾/（g·L^{-1}）	180~220
硼酸/（g·L^{-1}）	25~35
氯锌光亮剂/（mL·L^{-1}）	14~18
pH	4.5~6
电流强度/A	0.5~3
时间/min	5~10
温度/℃	10~55

3. 操作步骤

（1）根据测量体系，选择适宜的辅助电极、参比电极和电解池。研究电极用绝缘漆或石蜡封好，留出待测面积为1~2cm^2（面积要准确）。

（2）设定恒电位仪参数。恒电位仪的"工作电源"旋钮在"关"的位置；根据测量要求，设定好测量电位范围的起始电位和终止电位，调整恒电位仪的"电位量程"旋钮在适宜的挡位；估算出最高电流强度，调整恒电位仪的"电流量程"旋钮在适宜的挡位（选电流量程要大于最大电流强度值）；恒电位仪的"工作选择"旋钮在"外扫描"位置；"电位测量选择"旋钮在"外控"挡。

（3）按常规的镀前处理方法处理研究电极（除油、除锈）。电解池装入待测溶液，放好辅助电极、参比电极、研究电极（研究电极的测量面对准电解池的毛细管口），按图2-7把电解池接入恒电位仪（在恒电位仪开机前，必须将电解池接入恒电位仪上，不允许空载开机）。

（4）设定信号发生器参数。波形一般选择为阶梯波或三角波；根据测试曲线的要求选择波形的扫描状态，比如测循环伏安曲线，应选"单周期"；测阳极极化曲线，应选"单阶跃"正扫；测阴极极化曲线，应选"单阶跃"负扫。波形电压输出，要设定好起始电位和终点电位。扫描速度要根据试验要求设定，一般选择$2\sim5mV\cdot s$。

（5）设定函数记录仪参数。根据记录纸的大小，设计绘图面积占图纸的2/3大小位置来设定记录仪的X、Y轴的电位量程挡位。记录笔在抬笔状态，X、Y轴的开关在调零位置。

（6）测量。上述调整完成后，把电解池接入恒电位仪，打开信号发生器和函数记录仪的电源开关。调整函数记录仪的X、Y轴的调零旋钮，使记录笔处在适当的位置。将函数记录仪的X、Y轴的开关拨至测量位置，将恒电位仪的"工作电源"旋钮拨在"自然"位置。调整信号发生器的电位输出旋钮，观察恒电位仪的电位显示仪表为起始电位值，开启扫描开关，此时可以在恒电位仪的电位显示仪表上观察到电位从起始电位按设定的扫描速度扫描至终点电位，如果扫描电位有偏差，再进行调整，直至使扫描是从起始电位扫至终点电位为止（此过程由于恒电位仪在"自然"状态，因此电解池不发生极化）。同时，观察函数记录仪的X轴（电位坐标）的记录笔走的位置是否合理，如果不合理，再调整X、Y轴的电位量程。

（7）使信号发生器的输出电位回到起始电位，函数记录仪的记录笔在设定零的位置，记录笔落下，将恒电位仪的"工作电源"旋钮拨在"极化"的位置，开启信号发生器的电位输出开关，此时研究电极开始极化，极化电位从起始电位按扫描速度向终点电位扫描，电极上有电流通过，进行测量。此时在记录纸上即可自动画出曲线。

五、分析方法及数据处理

测出氯化钾镀锌溶液的阴极极化曲线，根据X、Y轴的电位量程挡位，在记录纸上标出电位和电流的坐标点，即为镀锌溶液的阴极极化曲线。

六、注意事项

（1）阳极极化曲线与阴极极化曲线的测量方法基本相同。

（2）测量时选用参比电极的基本原则是：最好选用与被测溶液的阴离子相同的参比电极，此时可以把参比电极直接插入被测溶液中进行测量。如果被测溶液的阴离子与参比电极的阴离子不同，则不能把参比电极直接放入被测溶液中，这样会污染被测溶液和毒化参比电极，需要用一个盐桥连接被测电解池和参比电极池。

思考题

1. 测量极化曲线选择参比电极的原则是什么？

2. 试述平衡电位、标准电极电位和析出电位的不同含义。

3. 测定电镀液极化曲线的意义是什么？

实验五 镀层外观测试

一、实验目的

镀层的性能直接关系到产品的外观质量、内在质量和使用寿命，必须根据其用途和内在要求进行镀层性能检验。检测项目一般有外观、结合力、厚度、孔隙率、硬度、钎焊性和耐腐蚀性等。

镀层的外观检查，是镀层质量检验最常用、最基本的方法之一。外观不合格的镀层就不必进行其他项目的检测。

二、实验内容

检查镀层外观的方法为：在天然散射光或者无反光的白色透明光线下用目光直接观察。光的照度应不低于300lx（即相当于零件放在40W日光灯下距离500mm处的光照度）。检查内容包括镀层种类、宏观结合力、镀层的颜色、光亮度以及镀层缺陷等，见表2-7。

表2-7 镀层外观检验结果及检验要求

检验结果	检验要求
合格品	镀层细致、均匀、连续完整，无针孔、麻点、起泡、起皮、脱落、阴阳面、斑点、烧焦、阴暗、树枝状、海绵状等现象。光亮镀层应有均匀的亮度
有缺陷但可再加工品	需退除不合格的镀层再继续电镀
	无须退镀而进行补充加工的镀件，需重新抛光、活化后再镀
不合格品	不符合上述合格品及有缺陷但可再加工品相关要求的镀件

实验六 镀层结合力实验

一、实验目的

镀层结合力是指镀层与基体或者中间镀层结合的好坏。镀层结合力的好坏，对所有金属表面保护层的防护、装饰性均有直接的影响，它是金属镀层质量的重要检验指标之一。评定镀层与基体金属结合力通常采用定性方法，即是以镀层金属和基体金属的力学性能的不同为基础，即当试样经受不均匀变形，热应力和外力的直接作用后，检查镀层是否有结合不良现象。

二、实验内容

具体方法可根据镀层和镀件选定：

（1）弯曲试验；

（2）锉刀试验；

（3）划痕试验；

（4）热震试验。

下面具体介绍几种实验方法，见表2-8。

表2-8 镀层结合力常用实验方法

实验方法	适用范围	操作步骤
弯曲实验	适用于截面较薄的镀件	用手或者钳子，将试样先向一边弯曲，再迅速向另一边弯曲，反复几次。如果出现镀层剥离，破裂则认为结合力不好
锉刀实验	适用于截面较厚的镀件，不适用于非常薄的镀层以及锌、镉等软金属的镀层	将镀件夹在台钳上，用一种粗齿扁锉45°锉其锯断面，方向由基体向镀层。若镀层剥离脱落，则判定结合力不佳
划痕实验	此法不适用于太硬太厚的镀层	用一刃口磨成30°锐角的硬质划刀，划边长为1 mm的正方形格子，观察格子内的镀层是否从基体上剥落
热震实验	此法不适用于锌、镉和铅等软金属	将受检试样再一定温度下加热，然后骤然冷却，观察镀层是否有气泡或脱落，便可测定许多镀层的结合力。这是基于金属基体和镀层金属热膨胀系数不同而发生形变差异的原理

实验七 锌镀层厚度的测定

一、实验目的

（1）掌握库仑法锌镀层厚度的测定方法和步骤。

（2）掌握库仑法测定锌镀层厚度的实验原理。

二、实验原理

电镀层的厚度及其均匀性是评价镀层质量的重要指标，它在很大程度上影响产品的可靠性和使用寿命。电镀层厚度的测量方法有破坏类和非破坏类两大类。属于破坏性的测量方法有点滴法、液流法、库仑法和金相法；属于非破坏性的测量方法有量具法、质量法和仪器测量法。

库仑法又称阳极溶解法或电量法。库仑法适用于测量各种方法得到的覆盖层厚度，包括多层体系。它是使用恒定的直流电流通过适当的电解质溶液，使镀层金属阳极溶解，并通过消耗电量计算厚度的方法。当镀层金属完全溶解且裸露出基体金属或者中间镀层金属时，电解池电压会发生突跃，从而指示测量已达到终点。

镀层厚度根据溶解镀层金属所消耗的电量、镀层被溶解的面积、镀层金属的电化当量、密度以及阳极溶解的电流效率计算确定。由于阳极溶解方法的不同，被测覆盖层厚度所消耗的电量的计算分为以下两种：

（1）用恒定电流密度溶解时，可由实验开始到实验终止的时间计算。

（2）用非恒定电流密度溶解时，由累计所消耗的电量计算（电路中串联电量计）。

三、实验仪器和药品

DJH型电解测厚仪、烧杯、托盘天平、氯化钠、镀锌层。

四、实验内容

（1）测量退镀层的面积。

（2）配制电解液：所用的电解液应具备如下特点：不通电时电解液对镀层金属无化学腐蚀作用；阳极溶解效率应为100%，镀层金属阳极溶解完毕，基体金属裸露时，电极电位应发生明显变化；暴露于电解池内的测试面积应完全被浸润。不同的镀层使用的电解液不同，见表2-9。

表2-9　库仑法测量厚度的电解液

镀层	基体（中间）金属	电解液组成	数值
锌	钢、铜、镍	氯化钠（NaCl）/（g·L^{-1}）	100
镉	钢、铜、镍、铝	碘化钾（KI）/（g·L^{-1}）	100
		碘（I$_2$）溶液（0.1mol/L）/（mL·L^{-1}）	1
铜	钢、镍、铝、锌	酒石酸钾钠（KNaC$_4$H$_4$O$_6$·4H$_2$O）/（g·L^{-1}）	80
		硝酸铵（NH$_4$NO$_3$）/（g·L^{-1}）	100
		氟硅酸（H$_2$SiF$_4$）未稀释	最低质量浓度30%
镍	钢、铜、铝	硝酸铵（NH$_4$NO$_3$）/（g·L^{-1}）	30
		硫氰酸钠（NaSCN）/（g·L^{-1}）	30
铬	钢、镍、铝、铜	无水硫酸钠（Na$_2$SO$_4$）/（g·L^{-1}）	100
		盐酸（HCl）（d=1.19）/（mol·L^{-1}）	175
银	钢、镍、铜	硝酸钠（NaNO$_3$）/（g·L^{-1}）	100
		硝酸（HNO$_3$）（d=1.42）/（mol·L^{-1}）	4
		硫氰酸钾（KSCN）/（g·L^{-1}）	100
锡	钢、铜、镍、铝	盐酸（HCl）（d=1.18）/（mol·L^{-1}）	175
		无水硫酸钠（Na$_2$SO$_4$）/（g·L^{-1}）	100

（3）用适当的有机溶剂（乙醇、丙酮等）清洗镀锌层表面。

（4）装好电解池和待测电极，连接电源。

（5）在电解池中加入适当的氯化钠溶液，确保测量表面无气泡。连续电解到阳极电位或者电解池电压急剧变化或者自动切断测试而指示出锌镀层完全溶解为止。

（6）测量两层或者多层覆盖时，在测量上层之后，要保证整个测量面积内的上层覆盖完全退除。再小心地吸出电解液，并用蒸馏水完全洗净电解池，再加入相应的电解液按上述方法继续测试。

（7）检查所测面积中覆盖的镀层有没有被完全退除。

五、结果处理

覆盖层厚度δ用表示，按照下式进行计算：

$$\delta=10^4\eta QE/S\rho$$

式中：δ——镀层厚度，μm；

$\quad\quad\eta$——溶解过程中的阳极电流效率（用百分数表示）；

$\quad\quad E$——测试条件下覆盖金属层的理论析出量，g/C；

$\quad\quad S$——覆盖层被溶解的面积，即测量面积，cm^2；

$\quad\quad\rho$——覆盖层的密度；g/cm^3；

$\quad\quad Q$——溶解覆盖层所消耗的电量，C。

若不是使用积分测试仪测试时，Q按照下式计算：

$$Q=It$$

式中：I——通电电流，A；

$\quad\quad t$——测试时间，s。

厚度δ可以表示为：

$$\delta=XQ$$

X在已知金属覆盖层，电解液和电解池条件下为常量，可由密封圈露出的试样面积、阳极溶解的电流效率、理论析出量和覆盖层的金属密度进行计算，也可以通过测量已知厚度的覆盖层实验确定。

六、注意事项

（1）库仑法适用于测量除金等难以阳极溶解的贵金属镀层以外的金属基体上的单层或多层单金属镀层的局部厚度，其测量误差在10%以内。

（2）当镀层厚度大于50 μm或小于0.2 μm时，误差大于10%。

（3）当镀层扩散至基体，界面存在合金时，会影响测试精度。

（4）试样表面要彻底清洁，否则会影响测量精度。

（5）测量装置中，密封圈的磨损会引起测量误差，应及时检查。

思考题

1. 库仑法可以作为其他镀层厚度测试方法的参考标准吗？

2. 为保证测量结果的精确度，对电解液有什么要求？

3. 有哪些方法可以提高测量结果的准确度？

实验八 镍镀层显微硬度的测量

一、实验目的

（1）掌握镀层显微硬度的测试方法及操作步骤。

（2）了解镀层显微硬度测量的原理、方法及用途。

二、实验原理

镀层的硬度取决于镀层金属的结晶组织，而镀层的结晶组织又取决于电镀工艺条件。不同金属的硬度变化顺序按下列顺序递减：Cr、Pt、Rh、Ni、Pd、Co、Fe、Cu、Ag、Zn、Cd、Sn、Pb。镀层的硬度检测，对于某种功能性镀层是必须进行的项目之一。由于电镀层的厚度一般比较薄，为了消除基体材料对镀层硬度的影响，镀层的硬度检验一般采用显微镜硬度法进行。显微硬度测试法有布氏法、维氏法和努氏法。本实验主要介绍维氏硬度的测定。

测量显微硬度可采用显微硬度计，其原理为：将具有一定形状的金刚石压头以适当的压力和压入速度压入被测定的覆盖层，再将被测试样表面压出压痕，保持规定的时间后卸除试验力，利用读数显微镜测量压痕对角线长度，并将对角线长度带入硬度计算公式或根据对角线长度查表，最后获得显微硬度值，如图2-8所示。

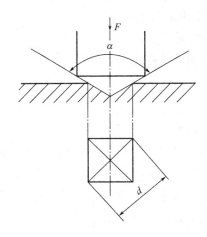

图2-8 镀层显微硬度测试原理

F—载荷（kg） α—维氏锥体两相对面之间的夹角（α=136°） d—压痕的对角线长度（mm）

压痕为正方形，两对角线相等。载荷的质量级数随不同形式的硬度计而异，一般为1~1000g，测定时可按照镀层的硬度来选择适当的载荷。原则上尽可能选择较重的载荷以减小测定误差的影响。

三、实验仪器和药品

显微硬度计、研磨机、抛光机、电吹风、砂纸（不同目数）、环氧树脂、乙二胺、乙醇（95%）、硝酸（d=1.42）、镍镀层试样。

四、实验内容

（1）试样准备：保持样品表面洁净且光滑平整，按照显微镜金相测厚法中试样的制备方法在试样表面加镀厚度不小于12 μm的铜层，然后进行镶嵌、研磨、抛光和浸蚀。

（2）测量镍镀层试样的厚度：所选的试验力应保持使压痕的深度小于镍镀层厚度的1/10，即在做维氏硬度测定时，待测镀层的厚度至少应为压痕对角线平均长度的1.4倍，只有当基体和待测镀层硬度接近时，较薄的镀层才能获得满意的结果。

（3）试验力的选择：根据待测金属镀层的性质和厚度，在可能范围内尽量选用最大负荷。

（4）测量：将待测试样置于显微镜物镜下，选择测硬度的位置，然后缓慢地移到负荷联杆下。检查负荷装置，无负荷时，金刚石锥头恰好与待测镀层表面接触，锥头提升后表面无任何压痕存在。加负荷于联杆粗厚部位，加压时，均匀移动控制器，使带有负荷的杆脱开，负荷在待测镀层上保持5~10s，反转制动器，这时锥体压头脱离试样表面。将试样缓慢地移动到物镜下，测量压痕的对角线长度。

五、结果处理

维氏硬度的符号为HV。可根据压痕的对角线长度查表求出硬度值，也可根据以下公式求出：

$$HV=1854F/L^2$$

其中：HV——维氏显微硬度值，kg/mm^2；

F——外加载荷的质量，g；

L——压痕对角线的平均长度，μm。

六、注意事项

（1）待测镀层要有足够的厚度。

（2）应在视场中央测量硬度压痕，压痕面积不应超过整个视场的2/3。

（3）要获得镀层最准确的硬度值，应采用与镀层厚度相适应的最大试验力。

（4）压头与试验表面的接触速度应以15~70μm/s为宜。

（5）在正常情况下，试验力一般应保持10~15s。

（6）为了减小振动的影响，可把试样装在刚性支撑台上。

（7）试样表面应尽量保持光滑，无粗糙凹陷存在。

（8）测试应在（23±5）℃的环境下进行。

实验九　贴滤纸法测量钢基体上铜的孔隙率

一、实验目的

（1）掌握贴滤纸法测量镀层孔隙率的方法及实验步骤。

（2）了解常见镀层对应的测试液。

（3）了解贴滤纸法测量镀层孔隙率的方法原理及用途。

二、实验原理

镀层孔隙是指电镀层表面至中间镀层，直至基体金属的细小孔道。镀层孔隙率是反应镀层表面致密度的重要指标，它直接影响镀层的防腐蚀性能，特别是对阴极镀件的影响更为显著，测定镀层孔隙率的方法有贴滤纸法、溶液烧浸法、涂膏法，其中贴滤纸法更为简单常用。贴滤纸法的主要原理为：将浸有特定检验试液的滤纸贴在受检镀层的表面上，若镀层存在孔隙或者裂缝，则检验试液通过孔隙或者裂缝与基体或者金属镀层发生化学反应，生成与镀层有明显色差的化合物，并渗透到滤纸上呈现有色斑点，根据受检镀层单位面积的有色斑点的多少确定其孔隙率。

溶液成分、粘贴时间及斑点特性见表2-10。

表2-10 溶液成分、粘贴时间及斑点特性

基体或中间层	镀层	溶液成分		粘贴时间/min	斑点特征
钢	铬、镍/铬、铜/镍/铬	铁氰化钾 [$K_3Fe(CN)_6$]	10g/L	10	孔隙至钢体时为蓝色斑点，孔隙至铜镀层时为红褐色斑点，孔隙至镍镀层时为黄色斑点
		氯化铵（NH_4Cl）	30g/L		
		氯化钠（NaCl）	60g/L		
铜、铜合金	铬、镍/铬、	铁氰化钾 [$K_3Fe(CN)_6$]	10g/L	10	孔隙至铜镀层时为红褐色斑点，孔隙至镍镀层时为黄色斑点
		氯化铵（NH_4Cl）	30g/L		
		氯化钠（NaCl）	60g/L		
钢、铜及铜合金	镍	铁氰化钾 [$K_3Fe(CN)_6$]	10g/L	5	孔隙至钢体时为蓝色斑点，孔隙至铜镀层时为红褐色斑点
		氯化钠（NaCl）	20g/L	10	
钢	铜/镍 镍/铜/镍	铁氰化钾 [$K_3Fe(CN)_6$]	10g/L	10	孔隙至钢体时为蓝色斑点，孔隙至铜镀层时为红褐色斑点
		氯化钠（NaCl）	20g/L		
钢	铜	铁氰化钾 [$K_3Fe(CN)_6$]	10g/L	20	孔隙至钢体时为蓝色斑点
		氯化钠（NaCl）	20g/L		
钢	锡	铁氰化钾 [$K_3Fe(CN)_6$]	10g/L	5	孔隙至钢体时为蓝色斑点
		氯化钠（NaCl）	60g/L		
		铁氰化钾 [$K_4Fe(CN)_6$]	10g/L		
铝	铜、锌、银	铝试剂（玫瑰红三羧酸铵）	3.5g/L	10	孔隙至铝体时为红色斑点
		氯化钠（NaCl）	150g/L		

三、实验仪器和药品

仪器：托盘天平、量筒、滤纸、砂纸、秒表、玻璃板。

药品：丙酮、铁氰化钾、氯化钠、铜镀层试样。

四、实验步骤

（1）检验试液的配制：按表2-10的要求配制一定体积的检验试液。

（2）除油：将待测的镀铜层试样表面用丙酮除油。

（3）检测：将浸透检验溶液的滤纸紧贴在受检镀层表面，滤纸与受检镀层表面之间不应有气泡，同时可以不断补加检验溶液，保持滤纸湿润，等滤纸贴至20min后，即揭下印有孔隙斑点的滤纸，用蒸馏水冲洗，再放在清洁的玻璃板上，干燥后计算孔隙的数目。

五、结果处理

将划有方格的玻璃板（方格面积1cm²），放在印有孔径斑痕的滤纸上，分别数出每个方

格内包含的各种颜色的斑点数，然后分别计算镀层到基体金属或者下层镀层金属的孔隙率（斑点数/cm^2）或按照以下公式计算：

$$孔隙率=n/S$$

式中：n——孔径斑点数；

S——被测镀层面积。

测定三次取平均值。

在计算孔隙率时，对斑点直径的大小做如下规定：斑点直径小于1mm，1个点按一个孔径计算；斑点直径为1~3mm，一个点按3个孔径计算；斑点直径为3~5mm，一个点按10个孔径计算。

六、注意事项

（1）检查外层为铬层的多层镀层时，应在镀铬后放置30min后进行。

（2）在检测钢基体或者黄铜及铜基体的镀层孔隙率，可将带有孔隙斑痕的检验滤纸放在清洁玻璃板上，然后均匀滴加4%的亚铁氰化钾溶液，放置一段时间，显示试液同镍镀层的作用的黄色斑点消失，剩下至钢底层的蓝色斑点和至铜或黄铜底层的红色斑点。

思考题

1. 镀层上孔隙率的多少会对基体有什么不良影响？
2. 贴滤纸法适用于哪些镀层孔隙率的测定？

实验十　钢铁基底上镀锌层的耐腐蚀性的评定

镀层耐腐蚀性的测试方法有户外曝晒腐蚀试验和人工加速腐蚀试验。户外曝晒能客观地反应镀层在户外使用的条件及结果，但由于观测时间长，气象及大气参数较复杂而使应用受到限制，人工加速试验主要是为了快速鉴定电镀层的质量，为镀层的腐蚀速度提供参考。

人工加速腐蚀试验的方法有很多种，如中性盐雾试验（NSS试验）、乙酸盐雾试验（ASS）、铜加速乙酸盐雾试验（CASS）、电解腐蚀试验、二氧化硫腐蚀试验等，其中最常见的是中性盐雾试验和铜加速乙酸盐雾试验，还可以测试镀层的塔菲尔腐蚀曲线。下面以钢铁基底镀锌的耐腐蚀性的评定介绍一下中性盐雾试验。

一、实验目的

（1）掌握中性盐雾试验（NSS试验）评定镀层耐腐蚀性等级的方法。

（2）了解中性盐雾试验的适用范围及方法原理。

二、实验原理

1. 适用范围

中性盐雾试验是目前应用极为广泛的一种人工加速腐蚀试验，它适用于防护性镀层（如镀锌层、镀镉层等）的质量鉴定和同一镀层的工艺质量比较，但不能作为镀层在所有使用环境中抗腐蚀性能的依据。

2. 溶液组成

常用的溶液有以下几种：

（1）氯化钠溶液（3%）；

（2）氯化钠溶液（5%）；

（3）氯化钠溶液（20%）；

（4）人造海水溶液：$NaCl$（27g/L）+$MgCl_2$（6g/L）+$CaCl_2$（1g/L）+KCl（1g/L）。

以上溶液均由化学纯试剂和蒸馏水配制。

各种溶液配方各有优缺点。20%的$NaCl$溶液在试验过程中，由于水分蒸发容易造成喷嘴堵塞；人造海水组分太多，配制比较烦琐；3%和5%的$NaCl$溶液的加速腐蚀作用接近人造海水，而且组分简单，所以采用较多，尤其是5%的$NaCl$溶液，在国内外广泛采用。

三、实验仪器和试剂

仪器：盐雾试验箱、酸度计、计时器、过滤装置、量筒。

试剂：二甲苯、乙醇、氯化钠、盐酸、氢氧化钠、待测锌试样。

盐雾箱内部结构如图2-9和图2-10所示。

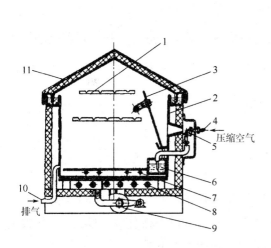
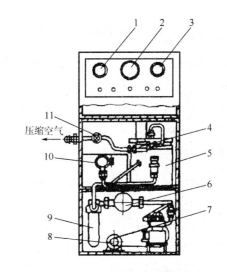

图2-9 盐雾箱剖视图
1—试样架 2—内套 3—挡板 4—压缩空气喷嘴
5—盐水喷嘴 6—盐水箱 7—内套加热器
8—夹套加热器 9—夹套风机 10—排气管 11—箱盖

图2-10 盐雾箱附箱
1—压力表 2—电压表 3—时间继电器 4—电磁阀
5—空气加湿器 6—储气罐 7—空气压缩机
8—电动机 9—空气过滤器 10—压力继电器 11—调节阀

四、实验步骤

1. 实验溶液的配制

将化学纯的氯化钠溶于蒸馏水或去离子水中，其浓度为50g/L，溶液pH为6.5~7.2，使用前需过滤。

2. 实验条件

试验温度：（35±2）℃　　　　　　　　　降雾量：1~2mL/h（每80cm²）

相对湿度：>95%　　　　　　　　　　　　喷雾时间：连续喷雾

喷嘴压力：78.48~137.34kPa（0.8~1.4kgf/cm²）

3. 测试

（1）同样的试样至少取样3次，特殊情况除外。

（2）实验前用有机溶剂（1:4的二甲苯—乙醇溶剂消除镀层油污），但是不得损坏镀层及其钝化膜。

（3）试样在盐雾箱中一般有垂直或与直线呈15°~30°两种放置方式。试样支架用剥离或者塑料等材料制造，支架上的液滴不得落在试样上。

（4）同一次实验放置的方法应相同，外形复杂的零部件，放置角度较难规定，但要求同类试样在重复实验时，前后必须一致。试样间距不得小于20mm。

（5）喷雾时间常采用以下两种方法：一是，每天连续8h，停止喷雾16h，24h为一周期。停止喷雾时间内，不加热，关闭盐雾箱，自然冷却。二是，间断喷雾8h（每小时喷雾15min，停喷45min），停止喷雾16h，24h为一周期。停止喷雾时间内，不加热，关闭盐雾箱，自然冷却。

（6）推荐实验的时间为2h、6h、16h、24h、48h、96h。

五、结果处理

实验结束后，用流动冷水冲洗试样表面上沉积的盐雾，干燥后进行外观检查和腐蚀等级的评定。

记录以下四个方面的内容：

①实验后的外观；

②去除腐蚀产物后的外观；

③腐蚀缺陷，如点蚀、裂纹、气泡等的分布和数量；

④开始出现腐蚀的时间。

盐雾试验腐蚀等级的评定。将透明的划有方格的有机玻璃板（方格面积5mm×5mm）覆盖在测试镀层的主要表面上，镀层表面被划分成若干方格，数出方格总数，设为N，并数出镀层经过腐蚀试验后有腐蚀点的方格数，设为n，腐蚀率的计算见下式：

$$腐蚀率 = \frac{n}{N} \times 100\%$$

式中：n——腐蚀点占据格数；

　　　N——覆盖主要面积的总格数。

若有10个或者10个以上的腐蚀点包含在任意两个相邻的方格中，或有任何腐蚀点的面积大于2.5mm²，此试样不能进行评级。评定级别中10级最好，0级最差。

腐蚀对应级别表见表2-11。对形状复杂的小零件，在进行腐蚀评价有困难时，允许以"个"数来评定。

表2-11 腐蚀率级别对应表

腐蚀率/%	评定级数	腐蚀率/%	评定级数
0（无腐蚀点）	10	4~8	4
0~0.25	9	8~16	3
0.25~0.5	8	16~32	21
0.5~1	7	32~64	1
1~2	6	>64	0
2~4	5		

良好：

①色泽无变化或轻微变暗；

②镀层和金属基底无腐蚀。

合格：

①色泽暗淡，镀层已经出现连续的均匀或者不均匀的氧化膜；

②镀层腐蚀面积小于3%。

不合格：

①镀层腐蚀面积大于3%（不包括3%在内）；

②基体金属出现锈点。

六、注意事项

（1）盐雾试验设备内部的结构材料不应影响盐雾的腐蚀性能。

（2）当相对湿度达不到95%时，可在箱底加水。

（3）镀液pH过高或者过低可以用稀盐酸或者NaOH溶液进行调整。

（4）试样应在腐蚀试验完毕并进行处理后立即检查。

思考题

1. 中性盐雾试验所用的喷雾盐水中NaCl的浓度是多少？

2. 中性盐雾试验能否单独对镀层质量做出鉴定？

3. 试述中性盐雾试验的适用范围。

实验十一　塔菲尔曲线外推法测量镀层的耐腐蚀性

一、实验目的

（1）掌握用塔菲尔曲线外推法测量镀层耐腐蚀性的实验方法和步骤。

（2）掌握塔菲尔曲线外推法的原理。

二、实验原理

测定金属材料腐蚀速度的电化学方法有塔菲尔曲线外推法、线性极化法、三点法、恒电流暂态法、交流阻抗法等。本实验采用塔菲尔（Tafel）曲线外推法测定其腐蚀速度。

1905年，塔菲尔（Tafel）提出了塔菲尔关系式，也即在过电位足够大（>50mV）时，过电位η与电流密度i有如下的定量关系，称为塔菲尔公式：

$$\eta=a+b\ln i$$

式中：a，b为常数。常数a是电流密度等于$1A/cm^2$时的超电势值，它与电极材料、电极表面状态、溶液组成以及实验温度等密切相关。b的数值对于大多数的金属来说相差不多，在常温下接近于0.050V。如用以10为底的对数，约为0.116V。这意味电流密度增加10倍，则过电位约增加0.116V。

由上式可知η与$\lg i$呈线性关系，但是这个线性关系在电流密度很小时与事实不相符合。因为按照上式可知，当$i\rightarrow0$时，η应趋向∞，这当然是不对的。当$i\rightarrow0$时，电极上的情况接近于可逆电极，η应该是零而不应该是∞。实际上，在低电流密度时，过电位不遵守塔菲尔公式而出现了另外一种性质的关系，即过电位η与通过电极的电流密度i成正比，可表示为：

$$\eta=\omega i$$

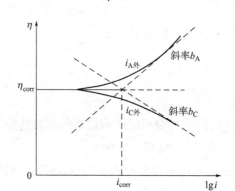

图2-11 塔菲尔曲线外推法求i_{corr}

如图2-11所示，在强极化区，即过电位足够大（>50mV）时，过电位与电流密度呈一直线。阳极极化曲线与阴极极化曲线直线区（符合塔菲尔关系）的延长线交于一点，该点对应的电流即为金属腐蚀达到稳定状态的电流，即是该金属的腐蚀电流i_{corr}。

塔菲尔曲线外推法的主要缺点：第一，对腐蚀体系极化较强、电极电位偏离自腐蚀电位较远，对腐蚀体系的干扰太大。第二，由于极化到塔菲尔直线段所需电流较大，易引起电极表面的状态、真实表面积和周围介质的显著变化；而且大电流作用下溶液欧姆电势降对电势测量和控制的影响较大，可能使塔菲尔直线变短，也可能使本来弯曲的极化曲线部分变直，从而对测得的数据带来误差。第三，由于有些腐蚀体系的塔菲尔直线段不甚明显，在用外推法作图时容易引起一定的人为误差。要得到满意的结果，塔菲尔区至少要有一个数量级以上的电流范围。但在许多体系中，由于浓差极化或阳极钝化等因素的干扰，往往得不到这种结果。

三、仪器和药品

仪器：电化学工作站，三电极系统：铂电极作辅助电极，饱和甘汞电极作参比电极，待测镀件电极做工作电极，搅拌器。

试剂：H_2SO_4腐蚀溶液（1mol/L），NaCl。

四、实验步骤

（1）将三电极系统插入配制好的腐蚀溶液中（1mol/L H_2SO_4，NaCl），连接到电化学分析系统（铂电极与红线连接，A参比电极与黄线连接，待测镀件与绿线连接），并确定电化学主机与微机系统连接正常。

（2）塔菲尔曲线扫描：打开电化学工作选择，菜单—测试方法—稳态测试—动电位扫描—设置实验参数。

（3）实验参数设置范围：

初始电位（V）：开路电压+0.3V

终止电位（V）：开路电压–0.3V

扫描速度（V/s）：0.5mV/s

（4）待极化电流稳定，立即选择"开始实验"进行塔菲尔曲线绘制。

五、数据处理

实验重复扫描三次，由仪器自动拟合塔菲尔曲线，外推求出其腐蚀电流，由腐蚀电流的大小对镀层防腐蚀效果进行评定。

六、注意事项

（1）实验开始前，要用有机溶剂将待测镀层彻底清洁。

（2）腐蚀过程是相对缓慢的过程，因此扫描速度不宜过快。

（3）将研究电极置于电解槽时，要注意工作电极与参比电极应尽量靠近，且每次测试的距离保持一致。

思考题

1. 镀层的耐腐蚀性与哪些因素有关？

2. 塔菲尔外推法中，腐蚀电位与镀层的耐腐蚀性有直接关系吗？

实验十二　利用霍尔槽测试电流密度对镀层质量的影响

一、实验目的

（1）掌握霍尔槽的使用规则及操作技巧。

（2）了解霍尔槽的结构和用途。

（3）确定钾盐镀锌溶液的电流密度范围。

二、实验原理

1. 霍尔槽作用

霍尔槽是一个特殊的小型电镀槽，使用的实验溶液少，操作简单，由于它具有在一个试片上可以观察到较宽的电流密度范围内的镀层质量的特点，因此在电镀生产和电镀工艺研究上被广泛应用。霍尔槽的作用可以归纳为以下四点：

（1）确定电镀工艺的电流密度范围。通过霍尔槽试验，根据试片的光亮区所处的电流密度范围，可以确定工艺中应使用的电流密度的上下限。

（2）维护和调整镀液。在实际生产过程中，发现镀层质量出现了问题，应取大槽镀液先做霍尔槽试验，根据霍尔槽试片的情况，进行分析调整（包括镀液成分、添加剂、pH、温度及杂质等），找出可能造成质量不好的原因，直至霍尔槽试片的镀层达到要求，确定问题所在，然后再对大槽进行调整，这样既可节省时间，又可防止盲目地调整大槽，造成不必要的浪费。

（3）电镀工艺的研究。在进行一种新的电镀工艺研究时，使用霍尔槽进行探索性试验，是很方便和实用的。通过霍尔槽试验可以研究镀液各成分、添加剂、电流密度、溶液温度及pH等因素对镀层质量的影响。根据实验结果，确定合理的镀液组成和适宜的工艺条件，得到最佳的电镀新工艺。

（4）测量镀液的分散能力和整平能力。可通过霍尔槽试片的表观分析，对镀液的分散能力及整平能力做出判断。

2. 霍尔槽结构

霍尔槽就是利用电流密度在远、近阴极上分布不同的原理，设计的一种阴极和阳极构成一定角度的小型电镀试验槽，形状似梯形，故又称梯形槽。霍尔槽的结构示意图见图2-12。霍尔槽用厚度5mm的有机玻璃（也可以用塑料板）制作，一般常用的有267mL和1000mL两种类型。梯形槽的内腔尺寸见表2-12。

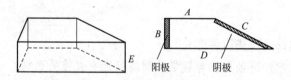

图2-12 霍尔槽结构示意图

还有一种改良型霍尔槽，尺寸大小和普通霍尔槽相同，只是在两侧槽壁上钻有直径12.5mm的小孔。短壁上有4个孔，长壁上有6个孔，实验时可以把霍尔槽放在大的镀槽中，该槽的优点包括：由于霍尔槽里边的溶液和大槽的溶液相通，这样在实验时可以减少镀液成分的变化，重现性较好，并有利于保持镀液温度的恒定。改良型霍尔槽的结构见图2-13。

表2-12　霍尔槽的内腔尺寸

对应边	不同容积的霍尔槽的尺寸/mm	
	267mL	1000mL
A	47.6	120
B	63.5	85
C	103.2	127
D	127	212
E	63.5	85

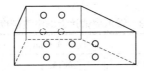

图2-13　改良型霍尔槽结构示意图

3. 基本原理

电镀过程中，电流的初次分布取决于溶液电阻，溶液的电阻与阴阳极之间的距离成正比，也就是说距阳极近的阴极部位的电流密度要比距阳极远的部位的电流密度大。从霍尔槽的结构可以看出，阴极上各部位到阳极的距离是不一样的，因此阴极上各部位的电流分布也不同。远离阳极的一端称远端，离阳极最近的一端称近端，显然远端的电流密度最小，随着阴极与阳极的距离减小，电流密度逐渐增大，直至近端电流密度最大。可见在一个10cm长的试片上，可以观察到电流密度从一个很小值到一个较大值的变化范围的镀层情况。例如，采用267mL的霍尔槽，电流强度为1A，在霍尔槽试片远端的电流强度为0.1A左右，而在近端的电流强度则是5.1A。

由于实验时选取的电流强度不同，所以在霍尔槽试片上各部位的电流密度也不同。根据实验测得不同电流强度时阴极上各点到阳极的距离与电流密度关系的平均曲线见图2-14。

从图2-14的曲线可以看出，它符合对数关系，可得出经验公式（267mL的霍尔槽）如下：

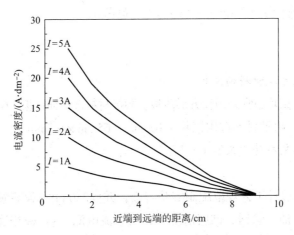

图2-14　电流强度与电流密度及阴极试片各点的关系

$$i_c=I（5.1019-5.2401\lg L）=IK$$

式中：i_c——电流密度，A/dm^2；

   I——霍尔槽使用的电流强度，A；

   L——阴极上某点距阴极近端的距离，cm；

   K——经验常数，可从表2-12中查出。

目前经常使用的是267mL的霍尔槽。计算电流密度时，阴极试片两端的电流密度是不准确的，使用范围为0.635~8.255cm，一般把近端1cm和远端1cm处不做评价内容。霍尔槽试片上各点的电流密度与电流密度的经验数据见表2-13。

表2-13　霍尔槽试片上的电流密度分布

至近端的距离/cm	$i_c/（A \cdot dm^{-2}）$，$i_c=IK$					
	K	$I=1A$	$I=2A$	$I=3A$	$I=4A$	$I=5A$
1	5.1	5.1	10.2	15.3	20.4	25.5
2	3.5	3.5	7	10.5	14	17.5
3	2.9	2.9	5.8	8.7	11.6	14.5
4	1.9	1.9	3.8	5.7	7.6	9.5
5	1.4	1.4	2.8	4.2	5.6	7
6	1.02	1.02	2.04	3.06	4.08	5.1
7	0.67	0.67	1.34	2.01	2.68	3.35
8	0.37	0.37	0.74	1.11	1.48	1.85
9	0.10	0.10	0.2	0.3	0.4	0.5

三、实验仪器及药品

仪器：直流电源、霍尔槽（267mL）、搅拌装置、加热装置、托盘天平、烧杯、量筒、温度计、电吹风、格尺、锌阳极（64mm×65mm×3mm）。

药品：铜片（100mm×65mm×0.5mm）、氯化锌、氯化钾、硼酸、硝酸、氢氧化钠、氯锌光亮剂、碳酸钠、磷酸钠（$Na_3PO_4 \cdot 12H_2O$）、硅酸钠。

四、实验内容

1. 阴阳极试片尺寸及材料的选择

霍尔槽的阴、阳极试片通常采用长方形薄板。阳极材料选择纯锌板（64mm×65mm×3mm），也可选用不溶性阳极，阴极材料选用铜片（100mm×65mm×0.5mm）。

2. 氯化钾镀锌工艺条件（表2-1）

3. 操作步骤

（1）按照氯化钾镀锌工艺规范配制实验溶液，并取250mL实验溶液倒入霍尔槽中。

（2）铜试片经除油、除锈、彻底清洗后，与直流电源"-"极相连，锌阳极与直流电源"+"极相连。

（3）直流电源接通前，检查各旋钮是否处于"0位"、正负极是否接好，加热管不应在缺液下通电。

（4）波形选择旋钮兼作本机电源开关，开关"0位"时为电路切断，其余三档除指示所需波形外，电源均接通。

（5）定时器与蜂鸣器串接。当所定时间已到，旋钮处于"OFF"位置，触点接通，蜂鸣器发出连续信号。如不需定时，应将旋钮停于"ON"位置，使触点常断。

（6）使用完毕关机前，使各旋钮处于"0位"，最后使"波形选择"旋钮处于"0位"。

五、分析方法及数据处理

1. 依试片镀层状态绘制示意图

霍尔槽试片镀完后，一定要清洗干净，用电热吹风机吹干。试片上不应有水迹、不应受污染，以便更好地观察镀层的外观。

由于电镀过程中存在着边缘效应等因素，因此试片的边缘部位不能代表真实状态，根据实践经验一般选取霍尔槽试片有镀层部位的中线偏上10mm的部位的镀层作为实验结果，如图2-15所示。

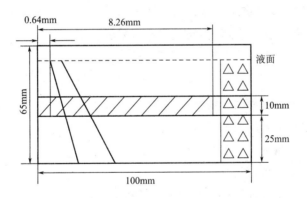

图2-15 霍尔槽试片应选取部位示意图

为了便于将试片的实验结果绘图记录下来，可采用如图2-16所示的符号表明镀层的状况。如这些符号还不足以说明问题，也可以配合文字说明。

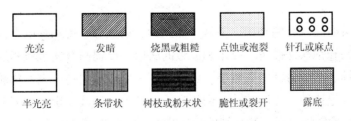

图2-16 镀层状态符号

2．计算出合适的电流密度范围

根据试片镀层的光亮范围，量出距阴极近端的距离L，并将其值带入计算出合适的电流密度范围。

六、注意事项

（1）由于霍尔槽的容积小而使用的电流大，所以镀液成分的变化较快，因此在使用不溶性阳极时，霍尔槽的溶液最多使用2次，就应更换新的溶液；使用可溶性阳极时，可使用5次，再更换新的溶液。在研究添加剂及微量元素等因素对镀层的影响时，更应该注意溶液的不断更新。

（2）上述计算电流密度的公式是通过对4种较常用的电镀液（酸性镀铜、酸性镀镍、氰化镀镉、氰化镀锌）在不同电流强度下进行电镀实验得到的平均结果。因为不同电解液的电导及阴极极化不同，所以求得的电流密度值是近似值，使用时应注意，电流密度值仅是一个范围。

（3）为使霍尔槽工艺条件与实际更相近，也可以采用改良型霍尔槽，把改良型霍尔槽放入大槽中，使霍尔槽内的镀液体积是所使用的霍尔槽所需的体积。把大镀槽的镀液升温到所需值，进行实验，可以较好地保持温度的稳定。

（4）绘图采用的镀层状态符号，目前还没有统一标准，不同的书籍或资料，符号表示不尽相同，因此在使用时一定要注意镀层状态符号的标记。

思考题

1．对霍尔槽阳极的使用次数有什么规定？

2．改良型霍尔槽与普通霍尔槽有什么区别？

3．对霍尔槽实验条件有什么规定？

4．霍尔槽实验可以解决哪些问题？

5．如何对霍尔槽试片的图形进行评价？镀层上孔隙的多少会影响镀层的哪种性能？

实验十三　焦磷酸盐无氰镀铜实验及其镀层性能测试

铜镀层具有美丽的紫红色外观、柔软、孔隙少、韧性好、传热导电性强，常用作钢铁件多层镀铬的中间层和钢铁件镀锡、镀银和镀金的底层，以提高基体金属和表面镀层之间的结合力，也可用作锌、铝压铸件的底镀层，目前镀铜主要有氰化物镀铜、焦磷酸盐镀铜、酸性光亮镀铜。相对其他镀种，焦磷酸盐镀铜具有成分简单、镀液稳定、电流密度高、电流效率高、深度能力强、均镀能力强、结晶细致极易获得较厚的镀层等优势。

一、实验目的

（1）掌握焦磷酸盐无氰镀铜工艺。

（2）掌握焦磷酸盐预镀工艺。

（3）掌握焦磷酸盐镀铜的镀液配方工艺。

（4）学会铜镀层的性能测试评估。

二、实验原理

1. 电极反应

焦磷酸盐镀铜镀液的主要成分为焦磷酸钾$Na_6[Cu(P_2O_7)_2]$。

阳极反应：

$$Cu-2e^- \longrightarrow Cu^{2+}$$

副反应：

$$2OH^- - 2e^- \longrightarrow H_2O + O_2 \uparrow$$

阴极反应：

对于$[Cu(P_2O_7)_2]^{6-}$络离子来说，它在阴极上直接放电是比较困难的，因为它有较高的配位数和较多的负电荷数，在阴极上放电的是$[Cu(P_2O_7)]^{2-}$络离子。

首先，镀液中的焦磷酸铜钠$Na_6[Cu(P_2O_7)_2]$发生分解反应：

$$Na_6[Cu(P_2O_7)_2] \longrightarrow 6Na^+ + [Cu(P_2O_7)_2]^{6-}$$

然后，$[Cu(P_2O_7)_2]^{6-}$络离子在阴极双电层区发生如下分解：

$$[Cu(P_2O_7)_2]^{6-} \longrightarrow [Cu(P_2O_7)]^{2-} + P_2O_7^{4-}$$

$$[Cu(P_2O_7)]^{2-} + 2e^- \longrightarrow Cu + P_2O_7^{4-}$$

这样的反应步骤之所以能成立是因为$[Cu(P_2O_7)]^{2-}$络离子的半径比$[Cu(P_2O_7)_2]^{6-}$络离子小，配位数低，相应地在电极上放电所需要的活化能也较低，受荷负电的电极的排斥作用弱一些，而且从$[Cu(P_2O_7)_2]^{6-}$络离子转化为$[Cu(P_2O_7)]^{2-}$络离子的速度不够快，这一步是提高阴极极化的主要因素之一。

在阴极上的副反应还有：

$$Cu^{2+} + 2e \longrightarrow Cu$$

$$2H^+ + 2e \longrightarrow H_2 \uparrow$$

$$2H_2O + 2e \longrightarrow H_2 \uparrow + 2OH^-$$

2. 镀前处理及浸铜

（1）镀前处理。镀前处理主要包括如下几个步骤：打磨→除油→水洗→酸浸蚀。

①打磨：用不同型号的砂纸对镀件进行打磨，除去镀件表面上的划痕、腐蚀斑、氧化皮等。

②除油：将镀件放入除油液中，将镀件表面上的油污清除干净。（除油粉50g/L，时间10min）

③浸蚀：将镀件浸渍在相应的浸蚀液中，利用浸蚀液对金属表面的氧化物的溶解作用，

除去金属零件表面上的氧化皮、锈蚀产物及钝化薄膜等，使基体金属表面裸露，改善镀层与基体的结合力和外观的处理过程。

钢铁件用1∶1的盐酸进行浸蚀，时间3~5min。

（2）浸铜。焦磷酸盐镀铜存在一个主要问题是镀层与基体金属的结合力仍然不够好，分析其主要原因有两个：一是在此槽液中钢铁表面容易产生置换铜层而影响结合力，二是钢铁在此槽液中处于钝化状态而影响结合力。对于这个问题现在普遍采用的解决办法为预镀镍或预浸铜等镀前处理的办法，本实验选择预浸铜法。下面介绍丙烯基硫脲浸铜的原理。

焦磷酸盐对槽液对钢铁没有活化作用，相反会起钝化作用，这样直接进行镀铜不是镀在活化基底上，而是镀在钝化的基体金属表面，所以结合力较差。如果在钢铁件上事先预镀一层薄铜，然后再在焦磷酸盐槽液中进行镀铜，不但结合力良好，而且也不会发生金属表面钝化。为此要寻找可以使置换反应速度降低的阻化剂，使置换反应速率得到控制。研究发现，乙酰基硫脲、丙烯基硫脲等都对置换反应的进行有阻滞作用，但丙烯基硫脲效果较好，丙烯基硫脲的浸铜流程分两个步骤，弱浸蚀和浸铜：

弱浸蚀液的组成及工艺条件：

硫酸（质量浓度1.84）	100g/L	丙烯基硫脲	0.15~0.3g/L
温度	15~25℃	时间	1min

浸铜溶液组成及工艺条件：

$CuSO_4 \cdot 5H_2O$	50g/L	硫酸（质量浓度1.84）	100g/L
丙烯基硫脲	0.15~0.3g/L	温度	15~25℃
时间	45~60s		

3. 镀液的成分及其作用

（1）焦磷酸铜：焦磷酸铜在镀液中主要是作为主盐，提供镀液中的铜离子。当焦磷酸铜含量低于45g/L会造成镀层烧焦，高于60g/L会使得镀层发暗，不光亮，所以，焦磷酸铜的含量应在47~58g/L。

（2）焦磷酸钠：焦磷酸钠在镀液中主要是作为镀液的络合剂，与铜离子络合形成络合物。焦磷酸钾含量低会造成镀层条纹状，含量高时虽然试片光亮，但是由理论知识我们可以知道，焦磷酸根含量越高，其转化成正磷酸根的速度增大，不利于镀液的长期稳定，一般正磷酸根的含量不宜超过360g/L，所以焦磷酸钠的含量应该在305~342g/L。

（3）柠檬酸三铵：柠檬酸盐是一种有机盐，它与铜离子会形成络合物，柠檬酸根与铜离子形成的络合物在pH为7~10时，$CuC_3H_4OH(COO)_3^-$络离子较为稳定，其不稳定常数为6.2×10^{-15}。因此往槽液中加入此类物质实际上就是一种辅助络合剂。它可以改善槽液的分散能力，促进阳极溶解，增加槽液的缓冲能力及增大工作电流密度。柠檬酸三铵还可以水解生成氨，氨水在焦磷酸盐镀液中的主要作用是辅助光亮剂，提高镀层表面的平整性，提高镀液的极限电流密度。

4. 镀后处理

钝化处理：将镀好的铜镀件放入钝化液中3~5min进行钝化处理，其工艺条件见表2-14。

表2-14 钝化液的组成及钝化工艺条件

溶液组成及工艺条件	数值
铬酐（CrO_3）/（$g \cdot L^{-1}$）	80~100
温度/℃	室温
时间/min	3~5

三、实验仪器和药品

仪器：数字直流稳压电源、电炉、铜导线、鳄鱼夹、哈林电镀槽、温度计、100mL量筒、胶头滴管；阳极材料：磷铜板（含磷0.1%~0.3%）；阴极材料：铁片、砂纸。

药品：焦磷酸铜、焦磷酸钠、柠檬酸三铵、硫酸铜、丙烯基硫脲、硫酸（98%）、盐酸、除油粉、铬酸酐。

四、实验内容

1. 电镀液组成及工艺条件见表2-15。

表2-15 电镀液组成及工艺条件

溶液组成及工艺条件	范围	典型
焦磷酸铜（$Cu_2P_2O_7$）/（$g \cdot L^{-1}$）	47~58	50
焦磷酸钠（$Na_4P_2O_7$）/（$g \cdot L^{-1}$）	305~342	320
柠檬酸三铵［$C_6H_5O_7(NH_4)_3$］/（$g \cdot L^{-1}$）	20-25	22
pH	8.2-8.8	8.5
电流密度/（$A \cdot dm^{-2}$）	1~1.5	1.2
温度/℃	50~55	50
阳极面积：阴极面积	（1~1.5）：1	1.5：1

2. 工艺条件及工艺流程

（1）镀槽：赫氏槽（梯形槽）。

（2）空气搅拌：用阴极移动或压缩空气等方式搅拌镀液，可以增大允许工作电流密度，以加快沉积速度。阴极：铁片；阳极：磷铜板。

（3）工艺流程：

打磨抛光→化学除油→酸浸蚀→水洗→弱浸蚀→浸铜→水洗→电镀

五、实验步骤

1. 镀前处理

将镀件分别用粗砂纸、细砂纸打磨，打磨完毕后用抛光机将镀件抛得平整光亮。抛光完毕后分别将阴极和阳极浸蚀水洗之后再烘干备用。

2. 镀前预浸铜

按照实验原理中的参数配制浸铜液，然后按照工艺参数进行浸铜操作。

3. 镀液的配制

（1）先在烧杯中加入80mL蒸馏水或去离子水，加热至40~50℃。

（2）加入计算量的焦磷酸铜，搅拌至完全溶解。

（3）将计算量的焦磷酸钠用100mL去离子水加热溶解（50℃左右），然后加入配制好的焦磷酸铜溶液中，并充分搅拌，使之形成焦磷酸铜钠，其反应为：

$$Cu_2P_2O_7+3K_4P_2O_7 = 2K_6[Cu(P_2O_7)_2]$$

（4）将计算量柠檬酸三铵加入上述槽液内。

（5）将上述溶液加蒸馏水至总体积为200mL。

（6）调节pH至8.5。

4. 电镀及电流效率的测定

将配制好的镀液加入梯形槽中，将处理好的铁镀件烘干并称重，铜阳极及经过预处理的铁片放入槽中相应位置，接上电源，控制电流密度为1.2A/dm²，电镀30min后，取下阴极，清洗烘干并再一次称重记录。

5. 钝化处理

（1）钝化溶液的配制：按配方，计算钝化液所需铬酐量，在烧杯内加入100mL蒸馏水溶解铬酐，然后加水至200mL，搅拌均匀，备用。

（2）将镀好的光亮铜镀件放入钝化液中3~5min，取出用水冲洗干净。

6. 镀层性能测试

参照实验一中有关镀层性能测试的内容对所得的铜镀层进行性能测试。

六、结果与讨论

（1）用规定的符号绘制和标明梯形槽的阴极镀层外观图，并分析所观察到现象的原因。

（2）计算电流效率。

（3）镀层性能测试结果及分析讨论。

七、注意事项

焦磷酸盐镀铜镀液的pH、温度、电源、电流密度和搅拌等对电镀层的质量均有直接影响，因此在操作中要注意以下几点：

（1）由于实际电镀过程中pH会不断降低，因此要实时监控pH，当降低到pH=8.2以下时，要记得加碱性物质如氨水等，调整溶液的pH。

（2）温度控制在50~55℃比较合适，在这个温度范围内可以获得结合力良好的镀层。温度过高会使溶液中的氨水迅速蒸发，同时焦磷酸根也比较容易水解。

（3）在操作中电源电压切勿太高，必须保证在5V以下。

（4）阴极电流密度过高会使镀层烧焦或者烧黑，实验时注意电流密度的控制。

（5）搅拌使获得良好镀层的重要条件，但是需要注意搅拌速率，鼓泡机鼓泡搅拌的速率不受控制时可以采用手动搅拌。

（6）配制电镀液时应避免混入杂质，一旦混入杂质可以加入少许活性炭除杂。

思考题

1．电镀铜的电流效率受哪些因素的影响？哪些因素会导致计算误差？

2．在焦磷酸盐电镀铜实验中，常见的杂质如Pb^{2+}、Fe^{3+}和CN^-对实验有什么影响，查阅资料，并说出你的想法。

实验十四　硫酸盐光亮镀铜及其性能测试

一、实验目的

（1）重点掌握酸性光亮镀铜工艺。

（2）重点掌握镀前处理及钝化处理方法。

（3）了解铜镀层的应用和特点。

二、实验原理

1．工艺特点

硫酸盐镀铜电解液是非氰化物镀铜液中使用最广泛、最具典型意义的电镀液之一，分为普通镀铜电解液和光亮镀铜电解液两种。普通镀铜电解液的特点是镀液成分简单、成本低、镀液稳定、容易控制、废水处理容易，但镀层色泽暗，质量较差。硫酸盐光亮镀铜电解液改善了镀液的性能，可以直接获得高整平性、全光亮的镀铜层，允许使用较高的阴极电流密度，从而提高生产效率。

2．电极反应

硫酸盐镀铜的电极反应比较简单，阴极的主反应为Cu^{2+}还原为金属铜，反应方程式为：

$$Cu^{2+}+2e =\!=\!= Cu$$

当阴极电流密度过小时，有可能发生Cu^{2+}的不完全还原，而产生Cu^+离子，反应方程式为：

$$Cu^{2+}+e =\!=\!= Cu^+$$

当阴极电流密度过大时，则可能有析氢的副反应发生：

$$2H^++2e =\!=\!= H_2\uparrow$$

阳极的主反应是金属铜氧化为Cu^{2+}，反应方程式为：

$$Cu-2e =\!=\!= Cu^{2+}$$

当阳极电流密度过小时，还可能发生铜的不完全氧化，反应方程式为：

$$Cu-e =\!=\!= Cu^+$$

阳极的副反应为析出氧气，反应方程式为：

$$2H_2O-4e \Longrightarrow O_2\uparrow +4H^+$$

3. 镀液的成分及作用

（1）硫酸铜：在镀液中起提供铜离子的作用。铜离子含量低，容量在高电流密度区造成烧焦现象及出光慢，铜离子过高时，硫酸铜有可能结晶析出。

（2）硫酸：在镀液中起导电的作用。硫酸含量低时，槽电压会升高，易烧焦；硫酸含量过高时，阳极易钝化，槽电压会升高，槽下部镀不亮，上部易烧焦。

（3）氯离子：在镀液中起催化的作用。氯离子含量过低，镀层容易在高中电流区出现条纹，在低电流区有雾状沉积；氯离子含量过高，光亮度及填平度减弱，在阳极上形成氯化铜，引起阳极钝化，槽电压会升高。

（4）开缸剂。开缸转缸或添加硫酸时使用，开缸剂MK288M+不足时，镀层高、中电流密度区出现凹凸起伏的条纹。开缸剂含量过多时，镀层出现会起雾现象。开缸剂288M+含适量的主光剂MK288B+和湿润剂。

（5）酸铜主光剂MK288A+：主光剂MK288A+含量过低时，整个电流密度区的填平度会下降；含量过多时，镀层出现针孔，低电流密度区没有填平度，与其他位置的镀层有明显分界，但仍光亮。

（6）酸铜主光剂MK288B+：主光剂MK288B+含量不足时，镀层高电流密度区极容易烧焦；含量过多时，镀层出现起雾现象，也会引致低电流密度区光亮度变差。

4. 镀前处理及钝化处理

为了得到相对牢固、稳定的镀层，常在镀前对镀件进行镀前处理，镀后对铜镀层进行钝化处理。

（1）镀前处理：打磨→除油→水洗→浸蚀→水洗。

①打磨：用不同型号砂纸对镀件进行打磨，除去镀件表面上的划痕、腐蚀斑、氧化皮等。

②除油：将镀件放入除油液中，将镀件表面上的油污清除干净。

（除油粉50g/L，时间10min）

③浸蚀：将镀件浸渍在相应的浸蚀液中，利用浸蚀液对金属表面氧化物的溶解作用，除去金属零件表面上的氧化皮、锈蚀产物及钝化薄膜等，使基体金属表面裸露，改善镀层与基体的结合力和外观的处理过程。钢铁件用1:1的盐酸进行浸蚀，时间3~5min。

（2）钝化处理：将镀好的铜镀件放入钝化液中3~5min进行钝化处理，其工艺条件见表2-16。

表2-16 钝化工艺条件

溶液组成及工艺条件	数值
铬酐（CrO_3）/（$g \cdot L^{-1}$）	80~100
温度/℃	室温
时间/min	3~5

三、主要仪器与药品

仪器：数字直流稳压电源、电炉、铜导线、鳄鱼夹、赫氏电镀槽、温度计、100mL量筒、滴管。阳极材料：磷铜板（含磷0.1%~0.3%）；阴极材料：铁片、砂纸。

药品：硫酸铜、硫酸（98%）、酸铜开缸剂MK288M$^+$、酸铜主光剂MK288A$^+$、酸铜主光剂MK288B+、盐酸、除油粉、铬酐。

四、实验内容

1. 电镀溶液配方及工艺条件（表2-17）

表2-17　镀液配方及工艺条件

镀液组成及工艺条件		范围	典型
硫酸铜（$CuSO_4$）/（$g \cdot L^{-1}$）		190~250	210
硫酸（H_2SO_4）98%/（$mL \cdot L^{-1}$）		27~38	33
氯离子（Cl^-）/（$mg \cdot L^{-1}$）		80~150	100
酸铜开缸剂MK288M+/（$mL \cdot L^{-1}$）		6~10	8
酸铜主光剂MK288A+/（$mL \cdot L^{-1}$）		0.4~0.6	0.5
酸铜主光剂MK288B+/（$mL \cdot L^{-1}$）		0.3~0.5	0.4
温度/℃		20~30	24~28
电流密度/（$A \cdot dm^{-2}$）	阳极	1~6	3
	阴极	0.5~2.5	0.5~2.5
电压/V		1.0~6.0	1.0~4.0
搅拌方法		空气及机械搅拌	空气搅拌

（1）镀槽：赫氏槽（梯形槽）。

（2）温度控制：温度25℃（20~30℃），温度最好控制在（23±2）℃温度不可太高，电解液温度对镀层光泽性是有影响的，温度升高，光亮电流密度也相应升高；温度高于30℃以上会使光亮度下降，特别是在中区和低区。过低的温度会导致镀层烧焦。

（3）空气搅拌：用阴极移动或压缩空气等方式搅拌镀液，可以增大允许工作电流密度，以加快沉积速度。

（4）阴极：铁片。

（5）阳极：磷铜板。

电解铜极在硫酸盐镀铜镀液中往往会产生铜粉，导致镀层产生毛刺、粗糙。若采用含有少量磷的铜阳极可以减少铜粉。如果铜阳极含磷量过高，便会产生一层较厚的膜，阳极不易溶解，导致镀液中铜含量下降。

阳极与阴极面积的比例一般为（1~1.5）：1，在硫酸含量正常和无杂质干扰的情况下，阳极不会钝化，镀液中铜含量能基本保持平衡。

2. 工艺流程

镀前处理→光亮镀铜→电流效率计算

3. 实验步骤

（1）镀前处理：打磨→除油→浸蚀。

（2）镀液的配制。

①先在烧杯中加入100mL蒸馏水或去离子水，加热至40~50℃。所用水的氯离子含量应低于70mg/L。

②加入计算量的硫酸铜，搅拌至完全溶解。

③在不断搅拌下慢慢加入计算量的化学纯硫酸（注意：此时会产生大量热能，故需强力搅拌，慢慢添加，以使温度不超过60℃。添加硫酸时要特别小心，应穿上防护服及戴上手套、眼罩等，以确保安全）。

④镀液冷却至25℃时，加入计算量的开缸剂，磷铜主光剂MK288A+及MK288B+。

⑤将上述溶液加蒸馏水至200mL。

（3）电镀以及电流效率的测定。将新鲜的200mL镀液加入梯形槽中，将铁片打磨抛光，经酸洗过后，烘干并称重。将铜阳极及经过预处理的铁片放入槽中相应位置，接上电源，控制电流密度为1A/dm²，电镀30min后，取下阴极，清洗烘干并再一次称重记录。

（4）钝化处理。

①钝化溶液的配制：按配方，计算钝化液所需铬酐量，在烧杯内加入100mL的蒸馏水溶解铬酐，然后加水至200mL，搅拌均匀，备用。

②将镀好的光亮铜镀件放入钝化液中3~5min，取出用水冲洗干净。

五、结果与讨论

（1）用规定的符号绘制和标明梯形槽的阴极镀层外观图，并分析所观察到现象的原因。

（2）计算电流效率。写出普通镀液电解池阴、阳电极所发生的半反应，并分析电流效率不为100%的原因。

（3）镀层性能测试结果及分析讨论。

（4）镀层防腐性能结果及分析讨论。

六、注意事项

要避免酸性光亮镀铜故障，必须注意如下几点：

（1）选择优质的磷铜阳极是保证酸性光亮镀铜质量的先决条件。

（2）选择优质的酸性光亮镀铜添加剂是十分必要的。

（3）严格的操作规范是酸性光亮镀铜工艺的保证。

（4）酸性光亮镀铜添加剂应少加、勤加，按照安培小时添加，不要盲目地追求快速光亮而多加乱加添加剂，这样只会使镀液快速失调，分解产物大量增加，缩短镀液寿命。建议使用的体积电流密度不要超过0.25A/L，否则镀液升温很快，电流效率降低，容易造成添加剂失效，消耗量增大，有机分解产物大量增加，镀层容易产生针孔。

（5）注意槽电压和硫酸的含量。槽电压升高，说明导电系统有问题或者阳极产生钝化。当硫酸的含量有逐渐下降趋势时，说明阳极有钝化现象，要适当补加阳极；当硫酸含量有逐渐上升趋势时，说明阳极过多，此时，为避免阳极背面的磷铜膜脱落和防止一价铜离子的产生，要适当减少阳极。

思考题

1. 硫酸盐光亮镀铜与焦磷酸盐光亮镀铜各有什么优缺点？
2. 阳极材料的选择有什么要求？为什么？

实验十五 单金属锌的无氰电镀及钝化工艺

一、实验目的

（1）熟练掌握金属电镀前处理工艺。

（2）了解无氰镀锌溶液的配制及镀锌工艺，电镀获得表面均匀且结合力较好的单质锌镀层。

（3）掌握镀锌层的多种钝化处理方法。

二、实验原理

本实验采用碱性锌酸盐镀锌、碱性锌酸盐镀锌工艺是20世纪60年代发展起来的，其镀层晶格结构为柱状，结晶细密，耐腐蚀性好，适合于形状复杂的零件电镀，操作维护方便，对设备无腐蚀性，综合经济效益好。但锌酸盐镀锌沉积速度慢，允许温度范围窄，镀层超过15μm时有脆性，工作时会有刺激性气味气体逸出，需安装通风装置。

1. 电极反应

锌镀液的基本成分是ZnO和NaOH，ZnO作为Zn^{2+}的来源，NaOH需过量，与锌生成配离子，反应方程式为：

$$ZnO+2NaOH \longrightarrow Na_2ZnO_2+H_2O$$

Na_2ZnO_2在碱性条件下电离并水解，反应式如下：

$$Na_2ZnO_2 \longrightarrow 2Na^+ + ZnO_2^{2-}$$

$$ZnO_2^{2-}+2H_2O \longrightarrow [Zn(OH)_4]^{2-}$$

阴极反应：

$$[Zn(OH)_4]^{2-}+2e \longrightarrow Zn+4OH^-$$

副反应：

$$2H_2O+2e \longrightarrow H_2\uparrow +2OH^-$$

阳极反应：

$$Zn+4OH^- -2e \longrightarrow [Zn(OH)_4]^{2-}$$

副反应：

$$4OH^- -4e \longrightarrow O_2\uparrow +2H_2O$$

当NaOH含量不足时，形成Zn（OH）$_2$沉淀，阳极钝化。

2．锌镀液中各成分及主要作用

（1）氧化锌。氧化锌是碱性镀锌的主要成分，又称为主盐，对镀层质量有重要影响，它的浓度必须与溶液中其他成分相适应，不能单一地以氧化锌的含量来判断其对镀层的影响。在镀液中，氧化锌和氢氧化钠作用生成锌酸盐（Na$_2$ZnO$_2$），锌酸盐电离并水解为［Zn（OH）$_4$］$^{2-}$，溶液中氢氧化钠是过量的，［Zn（OH）$_4$］$^{2-}$配离子的稳定常数大，较稳定。

由于锌酸盐镀液中氢氧根离子对锌离子的络合能力不强，阴极极化较弱，因此，采用降低氧化锌含量、提高氢氧化钠含量的办法进行弥补。通常将氢氧化钠与氧化锌的比值控制在10：1左右，镀液中氢氧化钠含量一般为120g/L，所以氧化锌的浓度一般采用10~12g/L。当溶液中锌的含量过高时，电流效率提高，但分散能力降低，光亮性差，复杂件的尖棱部位镀层粗糙；若锌含量偏低，阴极极化增加，阳极电流效率下降，分散能力好，但沉积速度减慢，氢气析出增加，同时在高电流密度区出现烧焦现象。

（2）氢氧化钠。在碱性镀锌液中，氢氧化钠是主要的配位剂、络合剂，又是阳极去极化剂和导电盐，兼具除油的作用。一般地，氢氧化钠含量适当提高，有利于提高镀液的导电性能、配离子的稳定性、提高阴极极化、获得细致的结晶。但氢氧化钠含量过高，加速阳极溶解，使得镀液中的锌离子浓度过高，主要成分比例失调，镀层粗糙。氢氧化钠含量过低，则会发生水解反应：

$$ZnO_2^{2-}+2H_2O \stackrel{}{=\!=\!=\!=} Zn（OH）_2 \downarrow +2OH^-$$

生成氢氧化锌沉淀，影响镀层质量。

（3）添加剂。添加剂是保证锌酸盐镀锌质量的关键因素，没有添加剂的基础液只能电镀得到海绵状镀层。目前，初级添加剂主要是环氧氯丙烷与有机胺的缩聚物，加入镀液后，可以提高镀液的分散能力，能在很宽的电位范围内于阴极表面上发生特性吸附，从而提高阴极极化，细化结晶，对镀层性能没有显著的不良影响。目前我国用量最大的添加剂是DE和DPE系列，都为水溶性表面活性物质。在电镀过程中，它们吸附在阴极表面，阻滞锌配离子放电速度，使得镀层结晶细致。但含量不宜过高，否则阳极溶解较差，脆性增大，甚至引起镀层起泡。

添加剂分子量的大小及其分布也对镀层质量影响很大，分子量高，光亮效果好，但镀层脆性增大。为得到光亮镀层，需同时加入一些醛类光亮剂、混合光亮剂等，如单乙醇胺、三乙醇胺与茴香醛的混合物。常用的碱性锌酸盐镀锌光亮剂有香草醛、茴香醛、ZB-80、KR-7等。光亮剂要适量添加，含量过高，镀层脆性增大，在实际应用中，光亮剂常采用少加、勤加的方法，使其控制在工艺范围内。

三、实验仪器与药品

仪器：恒电流稳压电源、铜导线和导电棒、鳄鱼夹、电镀槽、电吹风。

药品：氧化锌、氢氧化钠、锌板、DE添加剂、香草醛、EDTA、硫酸、硝酸、盐酸、高锰酸钾。

四、实验内容

1. 电解液、钝化液组成及工艺条件

无氰镀锌的电解液组成及工艺条件见表2-18，钝化液组成及工艺条件见表2-19。

表2-18　无氰镀锌的电解液组成及工艺条件

电解液组成	数值	工艺条件	数值
ZnO/（g·L^{-1}）	12~20	电流密度/（A·dm^{-2}）	1~3
NaOH/（g·L^{-1}）	100~160	阴、阳极面积比	1:（2~3）
DE添加剂/（mL·L^{-1}）	4~5	允许最大厚度/μm	<25
香草醛/（g·L^{-1}）	0.05~0.1	时间/min	3~5
EDTA/（g·L^{-1}）	0.5~1	温度/℃	10~40

表2-19　钝化液组成及工艺条件

溶液组成	数值	工艺条件	数值
铬酐（CrO$_3$）/（g·L^{-1}）	5	pH	0.8~1.3
硫酸/（mL·L^{-1}）	0.4	时间/s	3~7
硝酸/（mL·L^{-1}）	3	温度/℃	室温
高锰酸钾/（g·L^{-1}）	0.1		

2. 工艺流程

镀前处理→镀液配制→镀锌→清洗→钝化→老化

（1）镀前处理。

①抛光除锈：将镀件用3%~5%的稀盐酸泡2~3min，若锈太多可用砂纸打磨。

②热浸除油：若油渍较多，应先除油再除锈。除油方法：化学除油粉50g/L，温度：70℃，时间：5min。

③阴极电解除油：阴极是镀件，用不锈钢作阳极；电解除油方法：电解除油粉40g/L，电压2V（根据镀件面积调节），时间：1.5min。

④阳极电解除油：阳极是镀件，用不锈钢作阴极，其他同阴极电解除油，阳极电解除油的时间为阴极电解除油的两倍。

⑤酸洗：将镀件用36%的盐酸浸泡10s，目的是起中和、除锈的作用。

⑥超声波除油：一般使用丙酮（或蒸馏水）超声5min，目的是除去孔隙中的油和工件上的蜡。

⑦稀硫酸活化：将镀件放置于2%~5%的稀硫酸中活化几秒即可进行电镀。

（2）镀液配制。

①根据实验需镀锌液量和工艺要求，计算出各组分量。

②将氧化锌用少量蒸馏水调成糊状。

③用总体积1/5的水将NaOH溶解，待完全溶解后加热，将糊状的氧化锌不断搅拌并逐渐加入热碱液中，至氧化锌完全溶解。

④香草醛用少量乙醇溶解，再用水溶解，加入镀液。

⑤将EDTA、DE添加剂称量好后，用水溶解，加入镀液。

⑥定容稀释至总体积，测量温度是否在工作范围内，搅拌均匀后，试镀。

（3）镀锌。按实验装置接好回路，检查有无开路、短路现象，正确使用恒电流稳压电源，根据工艺条件进行镀锌。

（4）清洗。镀锌完毕后用蒸馏水清洗表面。

（5）钝化。

①根据实验所需钝化液量及钝化液配方，计算出各组分量。

②在容器中溶解CrO_3。

③用移液管移取浓H_2SO_4于小烧杯中，边搅拌边缓慢加入容器内，混合均匀。

④用移液管移取硝酸至小烧杯中，加水稀释，移入容器内。

⑤加入高锰酸钾于容器内，搅拌溶解后，加水至总体积，用pH试纸检查pH，备用。

⑥将清洗后的镀件在钝化液中抖动3~7s，取出在空气中暴露5~10s，缓慢清洗钝化液。

（6）老化。钝化膜的烘干称为老化，一般老化温度以60~70℃为宜。

五、结果与讨论

实验数据填入表2-20。

表2-20　实验过程记录表

项目	电流	电压	温度	时间	现象
抛光除锈					
热浸除油					
阴极除油					
阳极除油					
酸洗					
超声波除油					
稀硫酸活化					
镀锌					
钝化					
老化					

镀层、镀液性能测试参照前面实验的测试方法。

六、注意事项

（1）ZnO不能加大量水溶解，需使用NaOH溶液溶解，如果操作过快或不当会造成ZnO的水解，此水解反应很难逆向进行，镀液最终不能澄清，应弃掉重配。

（2）香草醛水溶性很差，应先用少量乙醇溶解，再加入水。

（3）钝化液有毒，需注意防护。

（4）钝化膜刚形成时，不宜用强水流冲洗。

思考题

1．锌性质比较活泼，为什么锌镀层却能起到很好的防护作用？

2．镀层钝化之后，为什么防护性能明显提高？

3．电镀电流设置过大或过小分别会对镀层有什么影响？为什么？

实验十六　焦磷酸盐电镀铜锡合金

一、实验目的

（1）掌握焦磷酸盐镀铜锡合金的工艺流程及操作规范。

（2）了解焦磷酸盐镀铜锡合金电解液中各成分的作用。

二、实验原理

铜锡合金也称青铜，根据锡的含量可分为低锡青铜（锡含量<15%），中锡青铜（锡含量15%~30%）和高锡青铜（锡含量>40%）。

低锡青铜中，含锡8%以下的镀层呈红色；含锡14%~15%时镀层为金黄色，此时它的耐腐蚀性能最好。低锡青铜对于钢铁基体时阴极性镀层，孔隙率低，具有较好的防护能力，常用于装饰性镀层的底层或中间层。

中锡青铜外观呈黄色，它的硬度和抗氧化能力比低锡青铜高，可以做保护装饰性镀层的底层，但不宜作表面镀层。在这种镀层上套铬比较困难。

含锡量超过40%的称为高锡青铜。它的外观呈银白色，又叫白青铜，硬度介于镍铬之间，抛光后具有镜面光泽。在空气中的稳定性好，具有良好的钎焊能力和导电能力，可以用来代替镀银或者镀铬。但镀层较脆，不能经受变形。

本实验采用无氰焦磷酸盐电镀铜锡合金。

1．工艺特点

在焦磷酸盐电镀铜锡合金电解液中，以焦磷酸盐作为主配位剂，铜以二价离子形式与焦磷酸盐配位，锡以四价形式存在。四价锡既有可能存在于焦磷酸盐的配离子中，又有可能存在于硒酸银的离子中。这种电解液比焦磷酸盐（二价锡）电解液有较多的优点，如电解液较稳定，易于控制；阴极电流效率较高，因而沉积速度较快，镀层针孔少。

2．镀液中各成分的作用

（1）主盐。溶液中的主盐为焦磷酸铜和锡酸钠。溶液中铜离子的含量若增加，镀层中铜的含量也会明显增加，镀液中锡酸钠的含量对镀层中锡含量的影响并不显著。

（2）焦磷酸盐。镀液中加入焦磷酸盐，可以使锡的析出电位变正，有利于铜和锡的共沉淀。

（3）酒石酸钾钠。酒石酸钾钠是辅助配位剂，它可以防止锡酸盐的水解以及氢氧化铜的沉淀。它的含量不宜过高，否则会使镀层发硬、发亮，难抛光。

（4）硝酸钾。向镀液中加入适量的硝酸钾，能降低阴极的极化，有利于提高阴极电流密度的上限。它的含量过低，使电流密度的范围变窄，镀层易变色、开裂和脱皮。

（5）明胶。镀液中加入适量的明胶，会得到结晶细致、色泽光亮的镀层，同时也能使镀层中锡的含量增加，但含量过多，镀层易发脆。

（6）四价锡镀液镀青铜的阳极一般为含锡量6%的青铜阳极。这类阳极溶解快且均匀，阴阳极面积比为1∶（0.3~0.5）。

3. 镀前处理及钝化处理

为了得到相对牢固、稳定的镀层，常在镀前对镀件进行镀前处理，镀后对铜镀层进行钝化处理。

（1）镀前处理：打磨→除油→水洗→酸浸蚀→水洗

打磨：用不同型号砂纸对镀件进行打磨，除去镀件表面上的划痕、腐蚀斑、氧化皮等。

除油：将镀件放入除油液中，将镀件表面上的油污清除干净。（除油粉50g/L，时间10min）

浸蚀：将镀件浸渍在相应的浸蚀液中，利用浸蚀液对金属表面氧化物的溶解作用，除去金属零件表面上的氧化皮、锈蚀产物及钝化薄膜等，使基体金属表面裸露，改善镀层与基体的结合力和外观的处理过程。

钢铁件用1∶1的盐酸进行浸蚀，时间3~5min。

（2）钝化处理：将镀好的镀件放入钝化液中3~5min进行钝化处理，钝化液的组成及工艺条件见表2-21。

表2-21 钝化液的组成及钝化工艺条件

溶液组成及工艺条件	数值
铬酐（CrO_3）/（$g \cdot L^{-1}$）	80~100
温度/℃	室温
时间/min	3~5

三、主要仪器和试剂

仪器：数字直流稳压电源、电炉、铜导线、鳄鱼夹、赫氏电镀槽、温度计、100mL量筒、滴管、砂纸、抛光机。阳极材料：铜板（含锡6%~9%）；阴极材料：铁片。

药品：焦磷酸钠、磷酸二氢钠、焦磷酸铜、锡酸钠、酒石酸钾钠、硝酸钾、明胶。

四、实验内容

1. 工艺流程

镀前处理→水洗→浸渍→预镀→水洗→四价铜锡合金电镀→水洗

2. 工艺条件

（1）由于镀件经过镀前处理后，表面有残余的酸，在浸渍液中浸渍后，既中和镀件表面的酸液，又可以使便面呈碱性，增加镀层的结合力。浸渍液的组成见表2-22。

表2-22　浸渍液的组成

溶液组成	数值	典型
焦磷酸钠（$K_4P_2O_7$）/（$g \cdot L^{-1}$）	100~150	120
磷酸氢二钠（$Na_2HPO_4 \cdot 12H_2O$）/（$g \cdot L^{-1}$）	50~80	60

（2）焦磷酸盐镀存在一个主要问题是镀层与基体金属的结合力仍然不够好，分析其主要原因有两个：一是在此槽液中钢铁表面容易产生置换铜层而影响结合力，二是钢铁在此槽液中处于钝化状态而影响结合力。对于这个问题本实验选择预镀铜法进行处理，预镀铜的工艺条件如表2-23所示。

表2-23　预镀铜工艺条件

溶液组成及工艺条件	数值	典型
焦磷酸铜（$Cu_2P_2O_7$）/（$g \cdot L^{-1}$）	70~118	90
焦磷酸钠（$Na_4P_2O_7$）/（$g \cdot L^{-1}$）	190~238	200
磷酸氢二钠（$Na_2HPO_4 \cdot 12H_2O$）/（$g \cdot L^{-1}$）	40~60	50
pH	9~9.5	9
温度/℃	20~35	30
电流密度/（$A \cdot dm^{-2}$）	0.3~0.5	0.5
时间/min	2~3	3

3. 镀液的配制（表2-24）

表2-24　四价锡镀液工艺条件

溶液组成及工艺条件	数值	典型
焦磷酸铜（$Cu_2P_2O_7$）/（$g \cdot L^{-1}$）	48~70	60
水合锡酸钠｛$Na_2[Sn(OH)_6]$｝/（$g \cdot L^{-1}$）	50~60	55
焦磷酸钠（$Na_4P_2O_7$）/（$g \cdot L^{-1}$）	218~247	230
酒石酸钾钠（$KNaC_4H_4O_6$）/（$g \cdot L^{-1}$）	30~35	30
硝酸钾（KNO_3）/（$g \cdot L^{-1}$）	40~45	40
明胶/（$g \cdot L^{-1}$）	0.01~0.02	0.01
pH	11~12	12
温度/℃	20~50	35
电流密度/（$A \cdot dm^{-2}$）	2~3	2.5
阳极	含锡6%~9%的铜锡合金	—

（1）根据镀槽的体积和选用的配方，分别计算出各种成分的用量。

（2）在烧杯中加入1/3所配体积的水，加热至65~75℃，加入称量好的焦磷酸钠，待全部溶解后，加入称量的焦磷酸铜充分搅拌溶解。

（3）加入酒石酸钾钠，搅拌溶解。

（4）将溶液加热至75℃左右，慢慢加入锡酸钠，不断搅拌，随着锡酸钠的加入，pH迅速上升，若pH上升至13以上，溶液颜色由蓝色变成深绿色，待锡酸钠全部溶解后，可以用焦磷酸或者稀硝酸将pH降低至9~10，继续加入锡酸钠，加完后pH应为11左右，充分搅拌直至完全溶解。

（5）加入硝酸钾。如用硝酸调pH，应减去上次用量，搅拌使其溶解。

（6）待镀液冷却后，加入双氧水（30%）5~8mL，充分氧化锡酸钠等材料中的有机物和二价锡后，再加热至60℃左右，除去多余的双氧水。

（7）加水至配制体积，搅拌均匀，取样分析，调整最终pH。

（8）加入明胶，完全溶解，即可将镀液转移至梯形槽中进行电镀。

4. 电镀以及电流效率的测定

将新鲜的镀液加入梯形槽中，将铁片打磨抛光酸洗过后，烘干并称重。将阳极及经过预处理的铁片放入槽中相应位置，接上电源，控制电流密度为2.5A/dm²，电镀30min后，取下阴极，清洗烘干并再一次称重记录。

5. 钝化处理

钝化溶液的配制：按表2-21配方，计算钝化液所需铬酐量，在烧杯内加入100mL的蒸馏水溶解铬酐，然后加水至200mL，搅拌均匀，备用。

将镀件放入钝化液中3~5min，取出用水冲洗干净。

五、结果与讨论

（1）用规定的符号绘制和标明铜锡合金电镀阴极镀层外观图，并分析所观察到现象的原因。

（2）计算电流效率并与理论值进行比较。

（3）完成镀层性能测试结果及分析讨论。

六、注意事项

（1）挂部分不溶性阳极后，镀液中铜的浓度可以通过调节含锡质量分数为6%~8%的阳极面积来平衡。锡的浓度降低，可通过补加锡酸来调整。

（2）搅拌不宜太强，否则镀层中锡的含量会降低。

思考题

1. 为什么焦磷酸盐法要进行预镀？

2. 用二价锡与四价锡电镀，各有什么特点？

3. 为什么四价锡电镀可以有效避免"铜粉"产生？

实验十七　锌镍合金电镀

一、实验目的

（1）熟练掌握金属电镀前处理工艺。

（2）掌握碱性锌镍合金电镀工艺及操作规范，电镀得到耐蚀性好，表面均匀且结合力较好的锌镍合金镀层。

（3）了解锌镍合金镀层的性能和用途，掌握合金共沉积机理，能解释合金电镀中的各种现象，掌握规律，并能对合金镀层进行分析。

二、实验原理

电镀锌镍合金（Zn–Nialloy plating）于20世纪80年代相继在日本、德国、美国等发达国家投入生产并得到广泛应用。电镀锌镍合金层是一种优良防护性镀层，主要用作钢铁材料的耐蚀防护，用以取代镉镀层和锌镀层，适合在恶劣的工业大气和严酷的海洋环境中使用。

为提高锌镍合金镀层的耐蚀性，增加其装饰性，改善镀层与基体金属间的结合力，锌镍合金电镀后要进行钝化处理，使其表面生成一层稳定性高、组织致密的钝化膜。锌镍合金的钝化膜有无色、黄色、蓝色和黑色四种，本实验选择蓝色钝化。

1. 工艺特点

本实验采用碱性锌酸盐镀液，所得的电镀层中含镍量一般在5%~10%，该镀液具有分散性好，在较宽的电流密度范围内镀层合金成分比例均匀，所得镀层厚度均匀，对设备和工件腐蚀小，工艺稳定，成本低。不同含镍量的合金镀层相比于单金属锌镀层耐蚀性可以成不同倍数增加，特别是经过200~300℃加热后，其钝化膜仍能保持良好的耐蚀性，氢脆性小，可代替镉镀层使用，因此锌镍合金具有广泛的应用前景。

镀液中主盐Zn^{2+}和Ni^{2+}的比值对镀层中镍含量的影响很大，随着镀液Zn^{2+}：Ni^{2+}比值的增大，镀层中镍的含量逐渐下降。氢氧化钠是锌离子的络合剂，乙二胺、三乙醇胺为镍离子的络合剂，尽管二者也能与锌离子络合，但与锌离子络合能力较镍离子弱，所以其用量对镀层中镍含量有影响。有专利报道碱性锌镍合金光亮剂由三部分组成，第一部分为有机胺与环氧氯丙烷的缩合物，单独使用可使镀层结晶细致，呈半光亮状态；第二部分为有机醛，如香草醛等，主要起光亮作用；第三部分为碲酸钠等无机盐，可使超低电流密度部分共沉积镍含量提高。

2. 钝化原理

锌镍合金镀层钝化的难易程度取决于镀层中镍的含量，当镍含量在10%以内时，易于钝化，高于10%后，则难以钝化。锌镍合金彩色钝化膜的色调因镀液的体系不同有较大区别，从碱性镀液中获得的镀层钝化后呈土黄（带彩）色主色调，而从弱酸性氯化物镀液中获得的镀层钝化后带蓝色调的彩虹色。锌镍合金镀层在钝化前不要用硝酸出光（否则会使镀层发黑），而是直接进入钝化液中钝化，用常规的镀锌钝化方法难以获得理想的锌镍合金钝化膜。

高性能三价铬锌镍蓝钝MK922可在镍含量12%~17%的锌镍合金镀层上得到均匀的淡蓝/紫

蓝色钝化层，膜厚小于0.1μm，钝化液中含有三价铬，不含六价铬，与以往的六价铬钝化层相比，其耐热耐蚀性能更优秀。

三、实验仪器与药品

仪器：恒电流稳压电源、铜导线、导电棒、鳄鱼夹、电镀槽、电吹风。

药品：氧化锌、氢氧化钠、锌板、镍板、铁片、硫酸、硝酸、盐酸、锌镍合金MK610系列添加剂、三价铬锌镍蓝钝MK922系列。

四、实验内容

1. 电镀液、钝化液组成及工艺条件

电镀液组成及工艺条件见表2-25，钝化液组成及工艺条件见表2-26。

表2-25　碱性锌—镍合金电镀液组成及工艺条件

电解液组成	数值	工艺条件	数值
ZnO/（g·L^{-1}）	13.5	阴极电流密度/（A·dm^{-2}）	1.5~3
NaOH/（g·L^{-1}）	126	阴、阳极面积比	1:2
Zn—Ni开缸剂MK610M/（mL·L^{-1}）	87	电流效率/%	50~65
Zn—Ni稳定剂MK610A-2/（mL·L^{-1}）	87	时间/min	20
Zn—Ni主光亮剂MK610B-1/（mL·L^{-1}）	1	温度/℃	25
Zn—Ni次光亮剂MK610B-2/（mL·L^{-1}）	3	电压/V	<12
Zn—Ni低位光亮剂MK610B-3/（mL·L^{-1}）	1.5	沉积速度/（μm·min^{-1}）	0.10
阳极	镍块	排气	使用

表2-26　高性能三价铬锌镍蓝钝化液组成及工艺条件

溶液组成	数值	工艺条件	数值
三价铬锌镍蓝钝MK922A/（mL·L^{-1}）	25	pH	4.0~4.4
三价铬锌镍蓝钝MK922B/（mL·L^{-1}）	75	时间/s	10~30（本色）
			30~60（蓝色）

2. 工艺流程

镀前处理→镀液配置→镀锌镍合金→清洗→蓝色钝化→老化

（1）镀前处理。

①抛光除锈：将镀件用3%~5%的稀盐酸泡2~3min，若锈太多可用砂纸打磨；

②热浸除油：若油渍较多，应先除油再除锈；除油方法：化学除油粉50g/L，温度：70℃，时间：5min；

③阴极电解除油；阴极是镀件，用不锈钢作阳极；电解除油方法：电解除油粉40g/L，电

压2V（根据镀件面积调节），时间：1.5min；

④阳极电解除油：阳极是镀件，用不锈钢作阴极，其他同阴极电解除油，阳极电解除油的时间为阴极电解除油的两倍；

⑤酸洗：将镀件用36%的盐酸浸泡10s，目的起中和、除锈作用；

⑥超声波除油：一般使用丙酮（或蒸馏水）超声5min，目的是除去孔隙中的油和工件上的蜡；

⑦稀硫酸活化：将镀件放置于2%~5%的稀硫酸中活化几秒钟即可进行电镀。

（2）镀液配制。

①根据实验需镀锌液量和工艺要求，计算出各组分量。

②将氧化锌用少量蒸馏水调成糊状。

③用总体积1/5的水将NaOH溶解，待完全溶解后加热，将糊状的氧化锌不断搅拌并逐渐加入热碱液中，至氧化锌完全溶解，预留添加剂用量。

④待溶液冷却至操作温度（20~27℃），加入所需的锌镍合金开缸剂MK610M并搅拌，然后加入锌镍合金稳定剂MK610A-2，最后加入所需光亮剂：锌镍合金主光亮剂MK610B-1，锌镍合金次光亮剂MK610B-2，锌镍合金低位光亮剂MK610B-3。

⑤定容稀释至总体积，测量温度是否在工作范围内，搅拌均匀后，试镀。

（3）镀锌镍合金。按实验装置接好回路，检查有无开路、短路现象，正确使用恒电流稳压电源，根据工艺条件进行镀锌镍合金。

（4）清洗。镀锌镍合金完毕后用蒸馏水清洗表面。

（5）钝化。

①根据实验所需钝化液量及钝化液配方配制钝化液。

②用pH试纸检查pH并调节至所需范围内，备用。

③将清洗过后的镀件在钝化液中抖动10~60s（参照钝化工艺），取出在空气中暴露5~10s，缓慢清洗钝化液。

（6）老化。钝化膜的烘干称为老化，锌镍合金蓝色钝化层的老化温度一般以80℃为宜，时间为10min。

五、结果与讨论

实验数据记录填入表2-27。

表2-27 实验数据记录表

项目	电流	电压	温度	时间	现象
抛光除锈					
热浸除油					
阴极除油					
阳极除油					

项目	电流	电压	温度	时间	现象
酸洗					
超声波除油					
稀硫酸活化					
镀锌镍合金					
钝化					
老化					

镀层、镀液性能测试参照前面实验。

六、注意事项

（1）耐蚀性与电镀膜厚有很大的相关性，膜厚必须达到5 μm以上。

（2）镀层中的镍含量会影响老化后的色调和耐蚀性，镍含量越高，耐蚀性越好。

（3）搅拌的强弱会影响钝化处理的色调与耐蚀性，若搅拌过强，钝化层为褐色的薄皮膜，耐蚀性低，为了得到淡蓝色的外观和良好的耐蚀性，请用弱搅拌。

（4）若混入六价铬，三价铬钝化液会失效，请绝对防止六价铬的混入。溶液长期放置，会产生氢氧化铬沉淀，导致溶液寿命减短。

（5）镀层在干燥不充分的情况下，耐蚀性降低，建议老化温度保持80℃以上，时间10min以上。

思考题

1. 为什么镀液中可不加镍盐？

2. 镀件的前处理在整个电镀过程中起到什么作用？

3. 镀层中锌镍比例该如何计算？镀层厚度该如何计算？

实验十八　无氰（焦磷酸盐型）仿金电镀

一、实验目的

（1）掌握无氰仿金电镀的工艺流程及操作规范。

（2）了解无氰铜锌锡三元仿金电镀的实验原理以及镀液各成分的作用。

二、实验原理

仿金镀以其光彩夺目的绚丽色彩深受人们的喜爱。仿金色泽的获得是通过在电镀底层上电镀合金，将铜以及其他金属以一定的比例电沉积在镀件基体表面，使电镀层呈现出黄金的颜色。仿金电镀能替代昂贵的黄金广泛应用于一些轻工产品的外观装饰上。长期以来，国内外大都采用有氰镀液，氰化物镀液虽然操作简单性能极佳，但是由于本身具有剧毒性，不但直接影响工人的身体健康，如果处理不当，还会对社会造成危害。因此，无氰的仿金电镀越来越引起人们的重视。近年来发展起来的无氰仿金电镀体系有焦磷酸盐体系、柠檬酸盐体系、酒石酸盐体系、HEDP体系以及离子仿金电镀等工艺。本实验采用焦磷酸盐为镀液电镀 Cu—Zn—Sn 三元仿金镀层。

1. 仿金镀原理（电极反应）

众所周知，不同的金属离子在阴极电镀，电位较正的将优先沉积。因此要使几种金属进行共沉积，必须有措施使它们电位接近，可采用的措施有：配合物溶液，适当的电流密度及适当的添加剂。在焦磷酸盐电镀实验中，铜锌锡分别以二价形式与焦磷酸跟形成配合物，在后续的电解过程中进行共沉积。

铜离子在在焦磷酸盐电镀仿金镀液中，主要以焦磷酸铜钾的形式存在：

$$Cu_2P_2O_7+3K_4P_2O_7 \longrightarrow 2K_6[Cu(P_2O_7)_2]$$

锌离子是以硫酸锌的形式加入。硫酸锌在焦磷酸钾溶液中的反应如下：

$$ZnSO_4+2K_4P_2O_7 \longrightarrow K_6[Zn(P_2O_7)_2]+K_2SO_4$$

锡离子主要以二价锡的形式先与焦磷酸钾反应后加入镀液，生成的配合物为焦磷酸亚锡钾，其反应如下：

$$2SnCl_2+K_4P_2O_7 \longrightarrow Sn_2P_2O_7 \downarrow 4KCl$$

$$Sn_2P_2O_7+3K_4P_2O_7 \longrightarrow 2K_6[Sn(P_2O_7)_2]$$

在形成配合物后，阴极反应为：

$$[Cu(P_2O_7)_2]^{6-}+2e \longrightarrow Cu+2P_2O_7^{4-}$$
$$[Zn(P_2O_7)_2]^{6-}+2e \longrightarrow Zn+2P_2O_7^{4-}$$
$$[Sn(P_2O_7)_2]^{6-}+2e \longrightarrow Sn+2P_2O_7^{4-}$$

2. 镀液中各成分的作用

（1）主盐。镀液中铜锌锡的比例不仅同镀液中铜锌锡离子的浓度有关系，而且还与镀液中的配合物焦磷酸盐的含量有关。主盐铜、锌、锡的比值应严格控制在工艺范围之内，以保证镀出均匀光亮的仿金层。

（2）焦磷酸盐配位剂。镀液中的焦磷酸盐配位剂，可以与铜锌锡结合使铜、锌、锡离子稳定，有利于阳极正常溶解。还可以使铜锌锡在阴极上共沉积，得到均匀光亮的仿金层。

（3）氨水。调整镀液的pH，pH对金属共沉积的影响往往是因为它改变了金属盐的化学组成。pH的变化直接影响镀层的质量。当pH<8.5时，镀液中铜容易析出，均镀能力差，Sn^{2+}的析出受阻。pH>8.5时，易生成铜的碱式盐夹杂于镀层中造成结晶疏松，阳极钝化，产生铜粉。

3. 镀前处理及钝化处理

为了得到相对牢固、稳定的镀层，常在镀前对镀件进行镀前处理，镀后对铜镀层进行钝化处理。

（1）镀前处理：打磨→除油→水洗→酸浸蚀→水洗

①打磨：用不同型号砂纸对镀件进行打磨，除去镀件表面上的划痕、腐蚀斑、氧化皮等。

②除油：将镀件放入除油液中，将镀件表面上的油污清除干净。

（除油粉50g/L，时间10min）

③浸蚀：将镀件浸渍在相应的浸蚀液中，利用浸蚀液对金属表面的氧化物的溶解作用，除去金属零件表面上的氧化皮、锈蚀产物及钝化薄膜等，使基体金属表面裸露，改善镀层与基体的结合力和外观的处理过程。

钢铁件用1∶1的盐酸进行浸蚀，时间3~5min。

（2）钝化处理：将镀好的镀件放入钝化液中3~5min进行钝化处理，钝化液的组成及工艺条件见表2-28。

表2-28 钝化液的组成及钝化工艺条件

溶液组成及工艺条件	数值
重铬酸钾/（g·L^{-1}）	40
pH（用醋酸调pH）	4
10℃	浸泡30min
20℃	浸泡15min

三、主要仪器和试剂

仪器：数字直流稳压电源、电炉、铜导线、鳄鱼夹、赫氏电镀槽、温度计、100mL量筒、滴管、砂纸、抛光机；阳极材料：Cu/Zn=7/3的黄铜板；阴极材料：铁片。

药品：所有药品均为分析纯，焦磷酸钠（$Na_4P_2O_7 \cdot 3H_2O$）、焦磷酸钾（$K_4P_2O_7 \cdot 3H_2O$）、硫酸锌（$ZnSO_4 \cdot 7H_2O$）、硫酸铜（$CuSO_4 \cdot 5H_2O$）、氯化亚锡（$SnCl_2 \cdot 2H_2O$）、氨三乙酸 $[N(CH_2COOH)_3]$、氨水（$NH_3 \cdot H_2O$）、氢氧化钾（KOH）、磷酸氢二钠（$Na_2HPO_4 \cdot 12H_2O$）。

四、实验内容

1. 工艺流程

铁片基体→除油→酸洗→光亮铜→合金镀→钝化→成品

2. 实验步骤

（1）由于镀件经过镀前处理后，表面有残余的酸，在浸渍液中浸渍后，既可中和镀件表面的酸液，又可以使表面呈碱性，增加镀层的结合力。浸渍液的组成见实验四的表4-2。

（2）预镀铜的工艺条件详见实验十六中的表2-22。

（3）镀液的配制。

①将计算量的焦磷酸钾溶解于蒸馏水中，可略加热使其溶解，但水温不得超过40℃。

②分别溶解所需的硫酸铜、硫酸锌和氯化亚锡，硫酸铜用少量蒸馏水溶解，将焦磷酸钾溶液在搅拌下缓慢加入硫酸铜溶液中，生成焦磷酸铜沉淀继续加入焦磷酸钾，沉淀逐渐溶解生成蓝色透明的焦磷酸钾溶液，硫酸锌用蒸馏水溶解，按制焦磷酸铜钾方法使焦磷酸钾与锌结合在少量蒸馏水中加入浓HCl，按100gSnCl₂加入1.5mLHCl计，然后将氯化亚锡倒入使其溶解，再将焦磷酸钾溶液慢慢倒入并不断搅拌，至生成焦磷酸与二价锡的配合物溶液。

③在搅拌条件下，将配好的铜和锌的配合物溶液倒入镀槽内。

④将所需氨三乙酸用少量蒸馏水调成糊状，然后用计算量的氢氧化钾溶液在搅拌下慢慢加入直至生成透明溶液为止。

⑤在搅拌下，将氨水和已溶解好的氨三乙酸依次加入镀槽中，用氢氧化钾调整溶液pH至8.5~9，缓慢加入已配制好的焦磷酸亚锡配合物，搅拌均匀。

⑥电镀的镀液组成及工艺条件参数见表2-29。

表2-29　四价锡镀液组成及工艺条件

溶液组成及工艺条件	数值	典型
焦磷酸钾（$K_4P_2O_7 \cdot 3H_2O$）/（$g \cdot L^{-1}$）	200~300	250
硫酸锌（$ZnSO_4 \cdot 7H_2O$）/（$g \cdot L^{-1}$）	20~30	25
硫酸铜（$CuSO_4 \cdot 5H_2O$）/（$g \cdot L^{-1}$）	15~20	18
氯化亚锡（$SnCl_2 \cdot 2H_2O$）/（$g \cdot L^{-1}$）	2~8	5
氨三乙酸［$N(CH_2COOH)_3$］/（$g \cdot L^{-1}$）	20~40	30
氨水（$NH_3 \cdot H_2O$）/mL	4~20	15
氢氧化钾（KOH）/（$g \cdot L^{-1}$）	50~70	60
pH	8.5~9	8.5
温度/℃	30~35	35
电流密度/（$A \cdot dm^{-2}$）	0.15~0.2	0.2
阳极/阴极面积	2:1	2:1

3. 电镀以及电流效率的测定

将新鲜的镀液加入梯形槽中，将铁片打磨抛光酸洗过后，烘干并称重。将阳极及经过预处理的铁片放入槽中相应位置，接上电源，控制电流密度为0.2A/dm²，电镀30min后，取下阴极，清洗烘干并再一次称重记录。

4. 钝化处理

按表2-18配制钝化液，并将所得样品进行钝化。

五、数据记录及结果讨论

（1）用规定的符号绘制仿金电镀阴极镀层外观图，并分析所观察现象的原因。

（2）对镀层性能测试结果及分析讨论。

六、注意事项

（1）新阳极要在（650±10）℃的温度下退火1~2h，并在质量分数为5%的硝酸溶液中浸蚀，用金属刷子刷后才能用。锡以补加锡酸钠来维持镀液平衡。

（2）溶液的pH对镀层成分有较大的影响，提高pH，镀层中锌、锡含量增加，色泽偏黄红。

（3）锌含量增加，阳极容易钝化。

思考题

1. 仿金镀层为什么要进行钝化处理？

2. 哪些因素影响镀层的颜色，举例说明。

参考文献

［1］王晓英，毕成良，李新欣，等.Cu-Sn-Zn三元无氰仿金电镀工艺研究［J］.南开大学学报（自然科学版），2006，42（3）：65-69.

［2］储荣邦，关春丽，储春娟.焦磷酸盐镀铜生产工艺［J］.材料保护，2006，39（10）：58-66.

［3］高鹏，屠振密.无氰仿金电镀研究进展［J］.电镀与环保，2012，32（1）：1-5.

实验十九　无氰（柠檬酸型）仿金电镀

一、实验目的

（1）熟练掌握仿金电镀的实验操作技能。

（2）熟练掌握合金电镀的原理。

（3）了解仿金电镀的用途，能掌握镀层颜色与镀液组成之间的规律，合理解释电镀中的各种现象。

二、实验原理

金作为高档装饰品深受人们的喜爱，所谓仿金电镀，就是利用电沉积的方法获得近似金颜色的合金镀层，达到类似金一样的装饰目的和防护效果。

仿金电镀是装饰电镀工艺中使用普遍、应用面最广的电镀工艺之一。灯饰、锁具、吊扇、箱包、打火机、眼镜架、领带夹等各种制品虽然有着各式各样的外表，但绝大部分仍然是金色镀层，获得金色外观的方法很多，有镀真金、镀铜锌、铜锡或铜锡仿金，着金色电泳漆，代金胶工艺等。

1. 柠檬酸盐型仿金电镀

柠檬酸型仿金电镀也是无氰仿金电镀体系内的一种，工艺方法简单易行，可获得色泽雅致的金黄色或古铜色镀层，且镀层光亮度、均匀度等外观效果良好，且成本低廉，在未来的无氰仿金电镀行业中具有广阔的前景。

柠檬酸体系电镀Cu—Sn合金的镀液组成及工艺条件为：碱式碳酸铜18~23g/L，锡酸钠24~29g/L，磷酸5g/L，柠檬酸175~195g/L，氢氧化钠100~110g/L，pH 9.3~10，1.2~1.7A/dm²，25~35℃。

柠檬酸和氢氧化钠分别为Cu^{2+}和Sn^{4+}的主配位剂，两者不仅在镀液中起到配位剂的作用，同时起到调整镀液酸碱度的作用。pH过高时，增加柠檬酸的用量，反之则适当补充氢氧化钠。因此，适当调整两者的质量浓度对镀层外观的影响十分重要。

2. 仿金电镀的镀后处理

仿金电镀中最关键的是镀层色泽及镀层耐变色的问题，镀层的色泽可以通过镀液组成的调整及工艺参数的改变来控制，仿金镀层的变色问题，可通过后处理来解决。后处理包括钝化处理及涂覆有机膜，钝化处理是必不可少的工序，除可防止仿金层的变色或泛点外，还可中和零件表面滞留的碱，所以仿金后立即清洗，马上进行钝化处理。采用苯并三氮唑进行钝化，抗变色效果虽好，但其成本较高，一般用于钝化后不便于涂覆有机保护膜的仿金镀件上，此外这种保护膜在受热或长期暴露后会使仿金镀层的色泽偏红，故目前生产中一般多采用重铬酸盐钝化处理。钝化后一般还需要干燥，干燥温度最好在80~90℃以下或常温固化，使仿金层更加贴合，提高抗变色能力。

三、实验仪器与药品

仪器：硅整流器、恒电流稳压电源、铜导线和导电棒、鳄鱼夹、电镀槽、电吹风。

药品：铜锌合金板（Cu：Zn=70：30或60：40）、氢氧化钠、硫酸、硝酸、盐酸、锡酸钠、柠檬酸、柠檬酸钾、乙醇。

四、实验内容

1. 镀液组成及工艺条件

柠檬酸型仿金镀液组成及工艺条件见表2-30，钝化处理液组成及工艺条件见表2-31。

表2-30 柠檬酸型仿金镀液组成及工艺条件

电解液组成	数值	工艺条件	数值
柠檬酸/（g·L⁻¹）	175~215	pH	9~10
氢氧化钠/（g·L⁻¹）	90~120	温度/℃	18~45
碱式碳酸铜/（g·L⁻¹）	18~23	阴极电流密度/（A·dm⁻²）	1.2~1.7
亚锡酸钠/（g·L⁻¹）	24~29	时间/s	30~60
磷酸/（g·L⁻¹）	5		

表2-31 仿金镀层钝化处理液组成及工艺条件

溶液组成及工艺条件	配方1	配方2
成分	重铬酸钾	苯并三氮唑
含量/（g·L⁻¹）	50	15

溶液组成及工艺条件	配方1	配方2
溶剂	醋酸调pH至3~4	2~3mL/L乙醇溶解
温度/℃	20~30	室温
时间/min	15	2

2. 工艺特点

仿金镀液有氰化物型、氰化物—焦磷酸盐型、HEDP型、焦磷酸盐型和柠檬酸型仿金电镀，氰化物型镀液，以电镀Cu—Zn—Sn三元合金所得的仿金镀层光泽度最好，色泽如金，而焦磷酸盐型镀液组分复杂，维护较难，仅用于电镀形状简单的零件，柠檬酸仿金电镀简单易行，成本低廉，可获得色泽雅致的金黄色或古铜色镀层，且外观效果良好，具有广阔的前景。本实验提供三种工艺规范。

在合金电镀中，不同的金属，电位较正的将优先沉积，因此，要使几种金属实现共沉积，需要采用方法调节使它们的电位相近，通常采用的措施有：调节适当的电流密度，调节溶液中的离子浓度及加入适当的添加剂。

3. 工艺流程

镀前处理→镀液配制→仿金电镀→清洗→蓝色钝化→老化

（1）镀前处理。

①抛光除锈：将镀件用3%~5%的稀盐酸泡2~3min，若锈太多可用砂纸打磨。

②热浸除油：若油渍较多，应先除油再除锈；除油方法：化学除油粉50g/L，温度：70℃，时间：5min。

③阴极电解除油：阴极是镀件，用不锈钢作阳极；电解除油方法：电解除油粉40g/L，电压2V（根据镀件面积调节），时间：1.5min。

④阳极电解除油：阳极是镀件，用不锈钢作阴极，其他同阴极电解除油，阳极电解除油的时间为阴极电解除油的两倍。

⑤酸洗：将镀件用36%的盐酸浸泡10s，目的起中和、除锈作用；

⑥超声波除油：一般使用丙酮（或蒸馏水）超声5min，目的是除去孔隙中的油和工件上的蜡。

⑦稀硫酸活化：将镀件放置于2%~5%的稀硫酸中活化几秒即可进行电镀。

（2）镀液配制。

①根据实验需仿金电镀液量和工艺要求，计算出各组分量。

②氢氧化钠溶于水后加热至沸腾，边搅拌边加入锡酸钠，使之完全溶解。

③将各溶液充分混合，分别加入称量好的碱式碳酸铜、磷酸、柠檬酸等所需添加剂，搅拌使之充分溶解。

④定容稀释至总体积，测量温度是否在工作范围内，搅拌均匀后，试镀。

（3）仿金电镀。按实验装置接好回路，检查有无开路、短路现象，正确使用恒电流稳压电源，根据工艺条件进行仿金电镀。

（4）清洗。仿金电镀完毕后用蒸馏水清洗表面。

（5）钝化。

①根据实验所需钝化液量及钝化液配方，计算出各组分量。

②选择适合的溶剂，加入重铬酸钾或苯并三氮唑，边搅拌边缓慢加入溶剂内，充分搅拌，混合均匀。

③定容至所需体积，用pH试纸检查pH，备用。

④将清洗过后的镀件在钝化液中钝化，配方1中的钝化层缓慢用水冲洗，用冷风吹干，配方2中的钝化层无须用水冲洗，用冷风吹干即可。

（6）老化。仿金电镀的老化又称为罩光，仿金罩光涂料要求透明无色，流平性好，膜层硬度高，光泽好，烘干温度低，时间短，抗变色强，一般干燥温度在80~90℃以下或常温固化。常用的有丙烯酸型、聚氨酯型。

五、结果与讨论

实验数据填入表2-32。

表2-32　实验数据记录表

项目	电流	电压	温度	时间	现象
抛光除锈					
热浸除油					
阴极除油					
阳极除油					
酸洗					
超声波除油					
稀硫酸活化					
仿金电镀					
钝化					
老化					

镀层、镀液性能测试参照前面测试实验。

六、注意事项

（1）新阳极要在（650±10）℃的温度下退火1~2h，并在质量分数为5%硝酸液中浸蚀，用金属刷子刷净后才能使用。

（2）溶液中的锡以补加锡酸钠来维持镀液平衡。

（3）溶液的pH对镀层成分有较大的影响，提高pH，镀层中锌、锡含量增加，色泽偏黄白，反之，色泽偏黄红。

（4）锌含量增加，阳极容易钝化。

（5）为了提高镀层耐磨性、色稳定性，在电镀成品表面要涂有机漆，如无油氨基清烘漆、604环氧醇清烘漆、115丙烯酸清漆、8351金属扩光剂、TA型涂料等。

思考题

1. 哪些因素会影响镀层的颜色？如何影响？
2. 仿金电镀后为什么要立刻进行钝化？

实验二十　ABS塑料电镀综合实验

一、实验目的

（1）掌握塑料电镀的工艺流程。
（2）掌握塑料电镀镀前处理原理及工艺。
（3）掌握ABS塑料化学镀镍的原理及工艺。
（4）掌握ABS塑料光亮镀铜、光亮镀镍、光亮镀铬的原理及工艺。

二、实验原理

ABS（A代表丙烯腈，B代表丁二烯，S代表苯乙烯）本身为非导体，必须使其表面获得一层导电层才能进行电镀，现在广泛采用化学沉积法来使其表面形成导电层。

1. 化学粗化原理

化学粗化实质是对镀件表面起氧化、蚀刻作用。将ABS塑料表面的B组分浸蚀掉，使塑料件从憎水体变成亲水体。

强酸、强氧化性的粗化液，对塑料等表面分子结构产生化学蚀刻作用，形成无数凹槽、微孔，甚至孔洞，使制件表面微观粗糙，以确保化学镀时所需要的"投铆"效果。

2. 敏化原理

敏化是继粗化之后又一重要工序。敏化处理是使非金属表面吸附一层容易氧化的物质，以便在活化处理时被氧化，把催化金属还原出来。

近来研究表明，使用酸性敏化液处理制件，最终在制件表面上吸附一层凝胶状物质，这层凝胶状物质不是在敏化液中形成的，而是在下一步水洗时产生的。为了防止二价锡的水解和被氧化，常用的二价锡盐敏化液必须呈酸性，并在敏化液中加入锡条。

$$SnCl_2+H_2O \longrightarrow Sn(OH)ClH^++Cl^-$$

同时

$$SnCl_2+H_2O \longrightarrow Sn(OH)_2+2H^++2Cl^-$$

液膜中存在的也发生水解：

$$SnCl_4^{2-}+H_2O \longrightarrow Sn(OH)ClH^++3Cl^-$$

$$SnCl_4^{2-}+2H_2O \longrightarrow Sn(OH)_2+2H^++4Cl^-$$

反应生成的Sn（OH）Cl及Sn（OH）$_2$结合。生成微溶于水的凝胶状物Sn$_2$（OH）$_3$Cl。

$$Sn（OH）Cl+Sn（OH）_2 \longrightarrow Sn_2（OH）_3Cl$$

这种微溶产物凝聚沉积在工件表面上，形成厚度由几十埃至几千埃的薄膜。

若溶液中二价锡不发生水解，则工件表面上沉积的二价锡数量与工件在敏化液中的停留时间无关（因为水解反应不是在敏化液中发生的，所以只需在工件表面上附着一层敏化液即可），而与清洗条件（清洗水压力，流速等），敏化液的酸度和二价锡的含量有关。酸度高、敏化液中二价锡含量低均不利于水解反应的进行，还与材料本身的组织结构（吸附能力不同），工件表面的粗化度及工件形状复杂程度及清洗水的pH和温度有关。

3. 活化原理

活化处理是用含有催化活性的金属如银、钯、铂、金等的化合物溶液，对经过敏化处理的制件表面进行再次处理的过程，其目的是为了在非金属表面产生一层催化金属层，作为化学镀时氧化还原反应的催化剂。活化过程的实质是敏化后的制件表面与含有贵金属离子溶液相接触时，这些贵金属离子很快被二价锡离子还原成金属微粒并紧紧附着在制件表面上，在制件表面形成"催化膜"。如：

$$2Ag^++Sn^{2+} \longrightarrow Sn^{4+}+2Ag\downarrow$$
$$2Pd^++Sn^{2+} \longrightarrow Sn^{4+}+2Pd\downarrow$$

这些催化活性金属微粒，是化学镀的结晶中心，故活化又名"核化"。

常用的活化有两种：离子型活化和胶体钯活化。

目前广泛采用的活化液有两种：硝酸银型和氯化钯型活化液。硝酸银型活化液，硝酸银是溶液中的主盐，氨水作为银的配合剂，活化液是银氨配合物溶液。配制溶液时需用蒸馏水或去离子水。硝酸银活化液比较经济，其主要缺点是稳定性不好。银只对铜具有催比活性，所以银氨活化后的工件只能化学镀铜。如果使用氯化钯活化液，虽其价格较贵，但稳定性好，使用寿命长，用它活化可以化学镀铜，也可以化学镀镍。

胶体（态）钯活化：通常由钯盐、氯化亚锡、盐酸、硫酸、醋酸等酸和贵金属盐组成，胶体钯活化液的活性与其配制方法有很大关系。在正常的活化液中，氯化亚锡还原了钯离子并形成胶体钯和锡酸胶体。这种锡酸胶体是胶体钯的保护体，使胶体钯活化液稳定，若配制方法不当，生成的不是胶体钯时，则活性很差。在使用胶体钯时，要经常保持亚锡离子过量和足够的酸度。可周期添加亚锡盐和盐酸或添加新配的浓缩液（未加水稀释），以保持溶液稳定。同时，在操作时不要带进杂质，否则易形成沉淀。

4. 还原或解胶

用硝酸银或氯化钯活化及清洗后，必须进行还原处理，目的是除去镀件表面上残存活化剂（Ag$^+$或Pd^{2+}），防止把它们带入化学镀溶液中。否则，它们在化学镀溶液中将首先还原，导致溶液的提前分解。

硝酸银活化然后化学镀可用下列溶液还原：

甲醛（36%~38%）	10%	水	90%
温度	室温	时间	0.5~1min

氯化钯活化然后化学镀铜或化学镀镍均可采用次亚磷酸盐水溶液还原：

次亚磷酸钠	10~30g/L	水	1000mL
温度	室温	时间	0.5~1min

用胶体钯活化的镀件，表面上吸附的是一层胶体钯微粒（以原子态钯为中心的胶团），这种胶态钯微粒无催化活性，不能成为化学镀金属的结晶中心，必须将钯粒周围的二价锡离子的水解胶层等去掉，露出具有催化活性的金属钯微粒（图2-17）。其方法是把经过胶体钯活化的工件放在含H^+、OH^-等离子的溶液中浸渍数秒至1min。生产中通常把这一工序称为"解胶"。

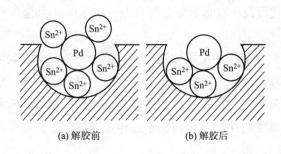

(a) 解胶前　　　　　　　(b) 解胶后

图2-17　解胶效果示意图

活化后对活化的质量要进行目测检验。经活化后的镀件其表面颜色明显变深，用银氨活化的镀件，表面呈浅褐色，用胶体钯活化的镀件表面呈浅咖啡色。否则，应再次敏化、活化。

5. 化学镀镍

化学镀镍层具有耐腐蚀、耐磨、高强度、高硬度、高导电性、可焊性、磁性屏蔽等优点，已广泛运用于汽车、航空、计算机、电子、机械、化工、轻工、石油工业等领域。化学镀镍采用的还原剂有次磷酸盐、联氨及其衍生物、硼氢化钠和二甲基胺硼烷等。

化学镀镍的反应历程可概括如下：溶液中的次磷酸根离子在固体催化剂表面上脱氢，并生成亚磷酸根离子：

$$H_2PO_2^- + H_2O \longrightarrow H^+ + HPO_3^{2-} + 2H（催化剂表面）①$$

吸附在催化剂表面上的活泼氢原子使镍离子还原成金属镍，而本身则氧化成氢离子：

$$Ni^{2+} + 2H（催化剂表面）\longrightarrow Ni + 2H^+ ②$$

部分次磷酸根离子也被氢原子还原生成单质磷：

$$H_2PO_2^- + H（催化剂表面）\longrightarrow P + H_2O + OH^- ③$$

反应速度取决于固液界面上的pH。只有当固液界面上的pH足够低时；反应③才有条件进行。即反应①、反应②进行，产生足够的H^+时才能使反应③发生。

除上述反应外，化学镀镍过程中还会发生析氢的副反应

$$H_2PO_2^- + H_2O \longrightarrow H^+ + HPO_3^{2-} + H_2 \uparrow ④$$

由上述反应历程可知，化学镀镍的速度、还原剂的利用率以及溶液的稳定性等均与溶液的组成及工艺条件有关。

6. 光亮铜原理

硫酸盐镀铜为单盐型镀液，其主要组成为Cu^{2+}、SO_4^{2-}、H^+、Cl^-以及一些有机物质。其主

要电极反应有：

阴极反应：

$$Cu^{2+}+2e \longrightarrow Cu$$
$$2H^++2e \longrightarrow H_2$$

阳极反应：

$$Cu-2e \longrightarrow Cu^{2+}$$

阳极还可能发生不完全氧化：

$$Cu-e \longrightarrow Cu^+$$

阳极与镀液接触时发生歧化反应：

$$2Cu^+ \rightleftharpoons Cu+Cu^{2+}$$

硫酸盐镀铜容易在阳极表面产生"铜粉"，Cu^+还易与氧结合形成Cu_2O，Cu粉与Cu_2O悬浮于溶液中，容易使阴极表面形成粗糙无光泽的镀层，所以要用磷铜阳极代替电解铜阳极。

7. 光亮镍原理

镀镍电极反应：

阴极反应：

$$Ni^{2+}+2e \longrightarrow Ni$$
$$2H^++2e \longrightarrow H_2$$

阳极反应：

$$Ni-2e \longrightarrow Ni^{2+}$$

当Cl^-含量不足时，电极发生钝化，有氧气产生：

$$2H_2O-4e \longrightarrow 4H^++O_2\uparrow$$

加入Cl^-可以防止阳极钝化，但也可能发生析出氯气的副反应：

$$2Cl^--2e \longrightarrow Cl_2\uparrow$$

8. 光亮铬原理

镀铬的阴极过程：在阴极上依次发生下列反应：

$$Cr_2O_7^{2-}+8H^++6e \longrightarrow Cr_2O_3+4H_2O \qquad \text{①}$$
$$2H^++2e \longrightarrow H_2\uparrow \qquad \text{②}$$
$$Cr_2O_7^{2-}+H_2O \rightleftharpoons 2CrO_4^{2-}+2H^+ \qquad \text{③}$$
$$CrO_4^{2-}+8H^++6e \longrightarrow Cr\downarrow+4H_2O \qquad \text{④}$$

三、主要仪器和药品

仪器：直流电源、导线、烧杯、量筒、电炉或恒温槽、托盘天平、温度计、搅拌棒。

药品：氢氧化钠、磷酸钠、碳酸钠、硫酸、铬酐、氯化亚锡、盐酸、氨水、硫酸铜、氯化钠、硼酸、硫酸镍、氯化镍、酒石酸钾钠、甲醛、2-巯基苯并噻唑、洗涤剂、焦磷酸铜、焦磷酸钾、化学除油粉、活化剂MK-802、加速盐MK-805、化学镍MK-811A、化学镍MK-811B、化学镍MK-811C。

四、实验内容

工艺流程如下：

除油 → 热水洗 → 水洗 → 粗化 → 水洗 →
中和 → 预浸 → 沉钯 → 水洗 → 解胶 →
水洗 → 化学镍 → 水洗 → 光亮铜 → 水洗 →
　　　↗ 化学铜 → 水洗 ↗
光亮镍 → 水洗 → 光亮铬 → 水洗 → 烘干

1. 除油

除油的目的是清除产品表面在模压、存放和运输过程中残留的脱模剂和油污。化学除油粉50g／L；温度：50~60℃；时间：10min。

2. 粗化

粗化是提高零件表面亲水性和形成适当的粗糙度，以保证镀层有良好结合力。它是决定镀层结合力的关键工序，粗化液的配方及工艺条件见表2-33。

表2-33　粗化液的配方及工艺条件

溶液组成及工艺条件	数值
硫酸／（g·L⁻¹）	350~450
铬酐／（g·L⁻¹）	350~450
温度／℃	65~70
时间／min	10~20

用一部分水溶解铬酐，将浓硫酸缓慢倒入已溶解的铬酐水溶液中，最后加水稀释。

3. 中和

化学粗化后应进行中和、还原或浸酸处理。其目的是将残留在零件表面的六价铬清洗干净，以防污染浸胶液。

中和工艺参数：　　　　　盐酸 100mL/L　　　　水合肼 2~3mL/L
　　　　　　　　　　　　时间　　　　　　　　2~3min

4. 预浸

预浸工艺参数：

预浸盐　　　CP盐酸　　　50~320mL/L
温度　　　　室温　　　　时间　　　0.5~1min

5. 活化

胶体钯活化法实际上是把敏化、活化过程合并，一次完成，代替了敏化和离子型活化两道工序。该工艺可提高镀层结合力，已得到广泛使用，活化液的配方及工艺条件见表2-34。

表2-34　活化液的配方及工艺条件

溶液组成及工艺条件	数值
活化剂MK-802/（g·L^{-1}）	2~5
盐酸（C.P.）/（mL·L^{-1}）	230~320
氯化亚锡/（g·L^{-1}）	2~6
温度/℃	室温（25~30）
时间/min	5（可适当长些）

6. 解胶

经胶体钯活化后的塑料制品表面吸附的胶态钯微粒并没有催化活性，因为钯微粒周围吸附了起稳定其胶态的二价锡水解胶层。要使钯微粒起催化活性中心作用，必须对产品表面进行解胶处理。

解胶就是把钯微粒周围吸附的锡水解层溶解掉。露出具有催化活性的钯核又不损害钯微粒，解胶液的配方及工艺条件见表2-35。

表2-35　解胶液的配方及工艺条件

溶液组成及工艺条件	数值	建议数值
加速盐MK-805/（g·L^{-1}）	40~80	60
硫酸（C.P.）（98%）/（mL·L^{-1}）	18~25	25
温度/℃	40~50	45
时间/min	1~5	2
pH	0.5~1.5	
搅拌	空气搅拌	

7. 化学镀镍

使ABS产品金属化是电镀前的最后一步。塑胶的耐热性能一般比较差，通常镀液的温度应比塑料变形温度低20℃左右，以防零件变形。因此只能选用常温化学镀镍，碱性化学镀镍溶液的配方及工艺条件见表2-36。

表2-36　碱性化学镀镍溶液的配方及工艺条件

溶液组成及工艺条件	数值
化学镍MK-811C/（mL·L^{-1}）	60
NiSO$_4$·6H$_2$O/（g·L^{-1}）	27
次磷酸钠/（g·L^{-1}）	15
氨水/（mL·L^{-1}）	15
pH	7.5~8.5
温度/℃	33~42
时间/min	6~8

8. 硫酸盐镀铜（光亮铜）

硫酸盐镀铜溶液成分简单，溶液稳定，不产生有害气体，采用合适的光亮剂可得到全光亮镀层，整平性能好，酸性光亮镀铜溶液的配方及工艺条件见表2-37。

表2-37　酸性光亮镀铜溶液的配方及工艺条件

溶液组成		范围	典型
硫酸铜/（g·L⁻¹）		190~250	210
硫酸（98%）/（mL·L⁻¹）		27~38	33
氯离子*/（mg·L⁻¹）		80~150	100
酸铜开缸剂MK288M+/（mL·L⁻¹）		6~10	8
酸铜主光剂MK288A+/（mL·L⁻¹）		0.4~0.6	0.5
酸铜主光剂MK288B+/（mL·L⁻¹）		0.3~0.5	0.4
温度/℃		20~30	24~28
电流密度/（A·dm⁻²）	阴极	1~6	3
	阳极	0.5~2.5	0.5~2.5
阳极		磷铜片（0.03%~0.06%磷）	磷铜片（0.03%~0.06%磷）
电压/V		1.0~6.0	1.0~4.0V
搅拌方法		空气及机械搅拌	空气搅拌

*氯离子：可使用NaCl或HCl。（可以用3%的铬酐钝化液钝化22~30s保护镀铜，用时再用5%~10%的稀硫酸活化1min）。

9. 光亮镀镍

光亮镀镍溶液的配方及工艺条件见表2-38。

表2-38　光亮镀镍溶液的配方及工艺条件

溶液组成及工艺条件	数值	典型
硫酸镍（$NiSO_4 \cdot 6H_2O$）/（g·L⁻¹）	250~325	270
氯化镍（$NiCl_2 \cdot 6H_2O$）/（g·L⁻¹）	45~75	60
硼酸（H_3BO_3）/（g·L⁻¹）	50~60	50
镍主光剂MK317+/（mL·L⁻¹）	0.5~0.8	0.8
镍柔软剂MK381/（mL·L⁻¹）	2.0~5.0	3.0
镍湿润剂MK389/（mL·L⁻¹）	0.5~1.5	1.0
温度/℃	50~60	55
阴极电流密度/（A·dm⁻²）	1~8	5
时间/min	6~8	7
搅拌	空气搅拌，阴极移动	空气搅拌，阴极移动

10. 光亮镀铬

光亮镀铬溶液的配方及工艺条件见表2-39。

表2-39 光亮镀铬溶液的配方及工艺条件

溶液组成及工艺条件	数值	建议数值
铬酐/（g·L^{-1}）	200~250	240
硫酸（C.P.）/（g·L^{-1}）	2~2.5	2
装饰性镀铬催化剂MK510C/（mL·L^{-1}）	5	5
温度/℃	40~45	45
阴极电流密度/（A·dm^{-2}）	20	20
时间/min	2	2

五、注意事项

（1）化学镀铜后镀件必须带电下槽，起始电流密度以0.1~0.5A/dm^{2}为宜，然后逐渐增大至规定工艺范围。

（2）敏化处理后的冲洗水流速不能过快。

（3）活化液必须用蒸馏水配制。

（4）用甲醛还原后不经水洗直接进行化学镀。

思考题

1．化学镀铜后镀件为什么必须带电下槽？

2．为什么镀件敏化后的冲洗水流速不能过快？

3．对塑料电镀件进行化学粗化时，操作中应该注意什么问题？

4．活化后要进行还原处理，所用还原液是什么？

实验二十一 叶脉书签装饰性电镀综合实验

一、实验目的

（1）掌握叶脉书签电镀镀前处理原理及工艺。

（2）掌握叶脉书签化学镀镍的原理及工艺。

（3）掌握叶脉书签光亮铜、光亮镍、光亮铬的原理及工艺。

二、实验原理

1．叶脉书签制作原理

叶肉遇到腐蚀性液体就会发生腐烂。经过加热，它会腐烂得更快。叶脉比较坚韧，不容易被腐蚀。因此，可以将一些叶片坚硬、叶脉坚韧的树叶制成叶脉书签。

2．敏化原理

敏化是继粗化之后又一重要工序。敏化处理是使非金属表面吸附一层容易氧化的物质，以便在活化处理时被氧化，把催化金属还原出来。

近来研究表明，使用酸性敏化液处理制件，最终在制件表面吸附一层凝胶状物质，这层凝胶状物质不是在敏化液中形成的，而是在下一步水洗时产生的。为了防止二价锡的水解和被氧化，常用的二价锡盐敏化液必须呈酸性，并在敏化液中加入锡条。

$$SnCl_2+H_2O \longrightarrow Sn（OH）ClH^++Cl^-$$

同时
$$SnCl_2+2H_2O \longrightarrow Sn（OH）_2+2H^++2Cl^-$$

液膜中存在的也发生水解：

$$SnCl_4^{2-}+H_2O \longrightarrow Sn（OH）ClH^++3Cl^-$$

$$SnCl_4^{2-}+2H_2O \longrightarrow Sn（OH）_2+2H^++4Cl^-$$

反应生成的Sn（OH）Cl与Sn（OH）$_2$结合。生成微溶于水的凝胶状物Sn$_2$（OH）$_3$Cl。

$$Sn（OH）Cl+Sn（OH）_2 \longrightarrow Sn_2（OH）_3Cl$$

这种微溶产物凝聚沉积在工件表面上，形成厚度由几十埃至几千埃的薄膜。

若溶液中二价锡不发生水解，则工件表面上沉积的二价锡数量与工件在敏化液中停留时间无关（因为水解反应不是在敏化液中发生的，所以只需在工件表面上附着一层敏化液即可），而与清洗条件（清洗水压力，流速等），敏化液的酸度和二价锡的含量有关。酸度高，敏化液中二价锡含量低均不利于水解反应的进行，还与材料本身的组织结构（吸附能力不同），工件表面的粗化度及工件形状复杂程度及清洗水的pH和温度有关。

3. 活化原理

活化处理是用含有催化活性的金属，如银、钯、铂、金等的化合物溶液，对经过敏化处理的制件表面进行再次处理的过程，其目的是为了在非金属表面产生一层催化金属层，作为化学镀时氧化还原反应的催化剂。活化过程的实质是敏化后的制件表面与含有贵金属离子溶液相接触时，这些贵金属离子很快被二价锡离子还原成金属微粒并紧紧附着在制件表面上，在制件表面形成"催化膜"。如：

$$2Ag^++Sn^{2+} \longrightarrow Sn^{4+}+2Ag \downarrow$$

$$2Pd^++Sn^{2+} \longrightarrow Sn^{4+}+2Pd \downarrow$$

这些催化活性金属微粒，是化学镀的结晶中心，故活化又名"核化"。

常用的活化有两种：离子型活化和胶体钯活化。

目前广泛采用的活化液有两种：硝酸银型和氯化钯型活化液。硝酸银型活化液，硝酸银是溶液中的主盐，氨水作为银的配合剂，活化液是银氨配合物溶液。配制溶液时需用蒸馏水或去离子水。硝酸银活化液比较经济，其主要缺点是稳定性不好。银只对铜具有催化活性，所以银氨活化后的工件只能化学镀铜。如果使用氯化钯活化液，虽其价格较贵，但稳定性好，使用寿命长，用它活化可以化学镀铜，也可以化学镀镍。

胶体（态）钯活化：通常由钯盐、氯化亚锡、盐酸、硫酸、醋酸等酸和贵金属盐组成，胶体钯活化液的活性与其配制方法有很大关系。在正常的活化液中，氯化亚锡还原了钯离子并形成胶体钯和锡酸胶体。这种锡酸胶体是胶体钯的保护体，使胶体钯活化液稳定，若配制方法不当，生成的不是胶体钯时，则活性很差。在使用胶体钯时，要经常保持亚锡离子过量和足够的酸度。可周期添加亚锡盐和盐酸或添加新配的浓缩液（未加水稀释），以保持溶液稳定。同时，在操作时不要带进杂质，否则易形成沉淀。

4. 还原或解胶

用硝酸银或氯化钯活化及清洗后，必须进行还原处理，目的是除去镀件表面上残存的活化剂（Ag^+或Pd^{2+}），防止把它们带入化学镀溶液中。否则，它们在化学镀溶液中将首先被还原，导致溶液的提前分解。

硝酸银活化然后化学镀可用下列溶液还原：

甲醛（36%~38%）	10%	水	90%
温度	室温	时间	0.5~1min

氯化钯活化然后化学镀铜或化学镀镍均可采用次亚磷酸盐水溶液还原：

次亚磷酸钠	10~30g/L	水	1000mL
温度	室温	时间	0.5~1min

用胶体钯活化的镀件，表面上吸附的是一层胶体钯微粒（以原子态钯为中心的胶团），这种胶态钯微粒无催化活性，不能成为化学镀金属的结晶中心，必须将钯粒周围的二价锡离子的水解胶层等去掉，露出具有催化活性的金属钯微粒（图2-17）。其方法是把经过胶体钯活化的工件，放在含H^+、OH^-等离子的溶液中浸渍数秒到1min。生产中通常把这一工序称为"解胶"。

活化后对活化的质量要进行目测检验。经活化后的镀件其表面颜色明显变深，用银氨活化的镀件，表面呈浅褐色，用胶体钯活化的镀件表面呈浅咖啡色。否则，应再次敏化、活化。

5. 化学镀镍

化学镀镍层具有耐腐蚀、耐磨、高强度、高硬度、高导电性、可焊性、磁性屏蔽等优点，已广泛运用于汽车、航空、计算机、电子、机械、化工、轻工、石油工业等领域。化学镀镍采用的还原剂有次磷酸盐、联氨及其衍生物、硼氢化钠和二甲基胺硼烷等。

化学镀镍的反应历程可概括如下：溶液中的次磷酸根离子在固体催化剂表面脱氢，并生成亚磷酸根离子。

$$H_2PO_2^- + H_2O \longrightarrow H^+ + HPO_3^{2-} + 2H（催化剂表面）\qquad ①$$

吸附在催化剂表面上的活泼氢原子使镍离子还原成金属镍，而本身则氧化成氢离子：

$$Ni^{2+} + 2H（催化剂表面）\longrightarrow Ni + 2H^+ \qquad ②$$

部分次磷酸根离子也被氢原子还原生成单质磷：

$$H_2PO_2^- + H（催化剂表面）\longrightarrow P + H_2O + OH^- \qquad ③$$

反应速度取决于固液界面上的pH。只有当固液界面上的pH足够低时；反应③才有条件进行。即反应①、反应②进行产生足够的H^+时才能使反应③发生。

除上述反应外，化学镀镍过程中还会发生析氢的副反应：

$$H_2PO_2^- + H_2O \longrightarrow H^+ + HPO_3^{2-} + H_2 \uparrow \qquad ④$$

由上述反应历程可知，化学镀镍的速度、还原剂的利用率以及溶液的稳定性等均与溶液组成的工作条件有关。

6. 光亮铜原理

硫酸盐镀铜为单盐型镀液,其主要组成为Cu^{2+}、SO_4^{2-}、H^+、Cl^-以及一些有机物质。其主要电极反应有:

阴极:

$$Cu^{2+}+2e \longrightarrow Cu$$

$$2H^++2e \longrightarrow H_2 \uparrow$$

阳极:

$$Cu-2e \longrightarrow Cu^{2+}$$

阳极还可能发生不完全氧化:

$$Cu-e \longrightarrow Cu^+$$

阳极与镀液接触时产生歧化反应:

$$2Cu^+ \rightleftharpoons Cu+Cu^{2+}$$

硫酸盐镀铜容易在阳极表面产生"铜粉",Cu^+还易与氧结合形成Cu_2O,Cu粉与Cu_2O悬浮于溶液中,容易使阴极表面形成粗糙无光泽的镀层,所以要用磷铜阳极代替电解铜阳极。

7. 光亮镍原理

镀镍电极反应:

阴极反应:

$$Ni^{2+}+2e \longrightarrow Ni$$

$$2H^++2e \longrightarrow H_2$$

阳极反应:

$$Ni-2e \longrightarrow Ni^{2+}$$

当Cl^-含量不足时,电极发生钝化,有氧气产生:

$$2H_2O-4e \longrightarrow 4H^++O_2 \uparrow$$

加入Cl^-可以防止阳极钝化,但也可能发生析出氯气的副反应:

$$2Cl^--2e \longrightarrow Cl_2 \uparrow$$

8. 光亮铬原理

镀铬的阴极过程。在阴极上依次发生下列反应:

$$Cr_2O_7^{2-}+8H^++6e \longrightarrow Cr_2O_3+4H_2O$$

$$2H^++2e \longrightarrow H_2 \uparrow$$

$$Cr_2O_7^{2-}+H_2O \rightleftharpoons 2CrO_4^{2-}+2H^+$$

$$CrO_4^{2-}+8H^++6e \longrightarrow Cr \downarrow +4H_2O$$

三、实验仪器和药品

仪器:直流电源、导线、烧杯、量筒、电炉或恒温槽、托盘天平、温度计、搅拌棒。

药品:镀件、氢氧化钠、磷酸钠、碳酸钠、硫酸、铬酐、氯化亚锡、盐酸、氨水、硫酸铜、氯化钠、硼酸、硫酸镍、氯化镍、酒石酸钾钠、甲醛、2-巯基苯并噻唑、洗涤剂、焦磷酸铜、焦磷酸钾、化学除油粉、活化剂MK-802、加速盐MK-805、化学镍MK-811A、化学镍MK-811B、化学镍MK-811C。

四、实验内容

1. 叶脉书签制作

（1）把约90mL水倒入烧杯，在水中加入10g氢氧化钠，把烧杯搁在石棉网上，用酒精灯加热，煮沸溶液。

（2）把树叶浸没在溶液中，继续加热15min左右，用镊子轻轻搅动，使叶肉分离，腐蚀均匀。

（3）当叶片变色、叶肉酥烂时，用镊子取出叶片，放在盛有清水的玻璃杯内。

（4）从清水里取出叶片，放在玻璃上，用旧牙刷在流水中轻轻地刷叶片的正面和背面，刷去叶片的柔软部分，露出白色的叶脉。把叶脉片浸入3%的双氧水中24h，使它们变成纯白色，再取出叶片，用清水洗净，沥去水滴。

（5）将叶脉片放在旧书或旧报纸里压干。

（6）取出压平的叶脉片，待叶脉干透后，用毛笔在叶脉两面涂上水彩颜料，稍干后再压平。

（7）取出涂上颜料的叶脉片，在它的叶柄上系一条彩色丝线，就得到了一张精致美丽的叶脉书签了。

2. 中和

化学粗化后应进行中和、还原或浸酸处理。目的是将残留在零件表面的六价铬清洗干净，以防污染浸胶液。

中和工艺参数：盐酸100mL/L　　水合肼2~3mL/L　　时间2~3min

3. 预浸

预浸工艺参数：预浸盐　　盐酸（C.P.）　　　50~320mL/L
　　　　　　　温度　　室温　　　　　　　时间0.5~1min

4. 活化

胶体钯活化法实际上是把敏化、活化过程合并，一次完成，代替了敏化和离子型活化两道工序。该工艺可提高镀层结合力，已得到广泛使用，活化液的配方及工艺条件见表2-40。

表2-40　活化液的配方及工艺条件

溶液组成及工艺条件	数值
活化剂MK-802/（g·L⁻¹）	2~5
盐酸（C.P.）/（mL·L⁻¹）	230~320
氯化亚锡/（g·L⁻¹）	2~6
温度/℃	室温（25~30）
时间/min	5（可适当长些）

5. 解胶

经胶体钯活化后的塑料制品表面吸附的胶态钯微粒并没有催化活性，因为钯微粒周围吸附了起稳定其胶态的二价锡水解胶层。要使钯微粒起催化活性中心作用，必须对产品表面进行解胶处理。

解胶就是把钯微粒周围吸附的锡水解层溶解掉。露出具有催化活性的钯核又不损害钯微粒。解胶液的配方及工艺条件见表2-41。

表2-41 解胶液的配方及工艺条件

溶液组成及工艺条件	数值	建议数值
加速盐MK-805/（g·L^{-1}）	40~80	60
硫酸（C.P., 98%）/（mL·L^{-1}）	18~25	25
温度/℃	40~50	45
时间/min	1~5	2
pH	0.5~1.5	1.0
搅拌	空气搅拌	

6. 化学镀镍

使ABS产品金属化是电镀前的最后一步。塑胶的耐热性能一般比较差，通常镀液的温度应比塑料变形温度低20℃左右，以防零件变形。因此只能选常温化学镀镍。碱性化学镀镍溶液的配方及工艺条件见表2-42。

表2-42 碱性化学镀镍溶液的配方及工艺条件

溶液组成及工艺条件	数值
化学镍MK-811C/（mL·L^{-1}）	60
NiSO$_4$·6H$_2$O/（g·L^{-1}）	27
次磷酸钠/（g·L^{-1}）	15
氨水/（mL·L^{-1}）	15
pH	7.5~8.5
温度/℃	33~42
时间/min	6~8

硫酸盐镀铜（光亮铜）：硫酸盐镀铜溶液成分简单，溶液稳定，不产生有害气体，采用合适的光亮剂可得到全光亮镀层，整平性能好。酸性光亮镀铜溶液的配方及工艺条件见表2-43。

表2-43 酸性光亮镀铜溶液的配方及工艺条件

溶液组成	范围	典型
硫酸铜/（g·L^{-1}）	190~250	210
硫酸98%/（mL·L^{-1}）	27~38	33
氯离子*/（mg·L^{-1}）	80~150	100
酸铜开缸剂MK288M+/（mL·L^{-1}）	6~10	8

溶液组成		范围	典型
酸铜主光剂MK288A+/（mL·L⁻¹）		0.4~0.6	0.5
酸铜主光剂MK288B+/（mL·L⁻¹）		0.3~0.5	0.4
温度/℃		20~30	24~28
电流密度/（A·dm⁻²）	阴极	1~6	3
	阳极	0.5~2.5	0.5~2.5A/dm²
阳极材料		磷铜片（0.03%~0.06%磷）	磷铜片（0.03%~0.06%磷）
电压/V		1.0~6.0	1.0~4.0
搅拌方法		空气及机械搅拌	空气搅拌

*氯离子：可使用NaCl或HCl（可以用3%的铬酐钝化液钝化22~30s保护镀铜，用时再用5%~10%的稀硫酸活化1min）。

7. 光亮镀镍

光亮镀镍溶液的配方及工艺条件（表2-44）。

表2-44　光亮镀镍溶液的配方及工艺条件

溶液组成及工艺条件	数值	典型
硫酸镍（NiSO₄·6H₂O）/（g·L⁻¹）	250~325	270
氯化镍（NiCl₂·6H₂O）/（g·L⁻¹）	45~75	60
硼酸（H₃BO₃）/（g·L⁻¹）	50~60	50
镍主光剂MK317+/（mL·L⁻¹）	0.5~0.8	0.8
镍柔软剂MK381/（mL·L⁻¹）	2.0~5.0	3.0
镍湿润剂MK389/（mL·L⁻¹）	0.5~1.5	1.0
温度/℃	50~60	55
阴极电流密度/（A·dm⁻²）	1~8	5
时间/min	6~8	7
搅拌方式	空气搅拌，阴极移动	空气搅拌，阴极移动

8. 光亮镀铬

光亮镀铬溶液的配方及工艺条件见表2-45。

表2-45　光亮镀铬溶液的配方及工艺条件

溶液组成及工艺条件	数值	建议
铬酐/（g·L⁻¹）	200~250	240
硫酸（C.P.）/（g·L⁻¹）	2~2.5	2
装饰性镀铬催化剂MK510C/（mL·L⁻¹）	5	5
温度/℃	40~45	45
阴极电流密度/（A·dm⁻²）	20	20
时间/min	2	2

五、注意事项

（1）化学镀铜后镀件必须带电下槽，起始电流密度以0.1~0.5A/dm²为宜，然后逐渐增大至规定工艺范围。

（2）敏化处理后的冲洗水流速不能过快。

（3）活化液必须用蒸馏水配制。

（4）用甲醛还原后不经水洗，直接进行化学镀。

思考题

1. 化学镀铜后镀件为什么必须带电下槽？

2. 为什么镀件敏化后的冲洗水流速不能过快？

3. 对塑料电镀件进行化学粗化时，操作中应该注意什么问题？

4. 活化后要进行还原处理，所用还原液是什么？

实验二十二　诺氟沙星与柠檬酸共晶的制备及性质测试综合设计实验

一、实验目的

（1）掌握诺氟沙星与柠檬酸共晶制备原理和溶剂挥发制备共晶的实验方法。

（2）了解溶剂在制备共晶中的作用。

（3）掌握药物共晶设计的原理。

（4）掌握差示扫描量热法（DSC）、热重分析法（TG）和X射线粉末衍射法（XRD）仪器的原理和测试方法。

（5）掌握氢键在超分子组装过程中的作用。

二、实验原理

1. 诺氟沙星简介

诺氟沙星是第三代喹诺酮类抗菌药，会阻碍消化道内致病细菌的DNA旋转酶的作用，阻碍细菌DNA复制，对细菌有抑制作用。它是治疗肠炎痢疾的常用药。诺氟沙星水溶性较差（0.28~0.40mg/mL），渗透性差，导致生物利用度低（35%~45%）。研究表明，通过制备药物共晶可以提高药物的水溶性从而提高其生物利用度以及药效，其分子结构及柠檬酸的分子结构如下所示。

诺氟沙星分子结构　　　　　　　柠檬酸分子结构

2. 共晶设计原理

共晶合成的成功与否主要取决于正确地认识分子间相互作用及可行的合成策略。一种构筑晶体的方法及途径是超分子合成子（supramolecularsynthons）以及反向合成（retrosynthesis）。从开始材料到目标物质的合成思维过程定义一个合成子（synthon）作为超分子的一个结构单元，通过已知或推测的合成方法把这些合成子组装成目标物质。虽然合成子比目标物质简单得多，但它包含目标结构的连接方法及结构特征。从目标物质通过解离化学连接得到合成子的过程称反向合成。它反映了晶体结构中密堆积、氢键及其他复杂相互作用的分析过程，也是对一个结构的逻辑分析过程。超分子合成的许多策略依赖于互补氢键作用，互补与几何因素和氢键供体与受体数目之间匹配的平衡有关。超分子合成子的一个优点是它代表一种简化的了解晶体结构的方式。

氢键是一种非常重要的方向性相互作用力。在共晶的合成中它显示出越来越重要的作用。许多主体组装体是基于氢键的相互作用，O—H…O、N—H…O、O—H…N、N—H…N氢键能量为20~40kJ/mol。人们已经知道强的N-H…O氢键是有机晶体组装过程中的驱动力，到目前为止，从许多合成子中发现O—H…O、O—H…N、N—H…N、C—H…X（X=卤素，N）、π…π，及C—H…O，C—H…π在分子自组装过程中也起着定向作用并且弱氢键C-H…O类相互作用在化学及生物体系中有重要作用。这些相互作用的距离在300~400pm，角度通常集中于150°~160°之间。从距离数据看出，它们大于普通的氢键，甚至大于范德瓦尔斯距离，它们的相互作用随距离的变化不如范德瓦尔斯作用变化迅速，而且具有弱方向性，因此尽管距离较大仍可以认为它们是弱的氢键，在晶体工程中起着重要的作用。此外，芳香环—芳香环之间π…π堆积作用在分子自组装过程中是非常重要的，估计相互作用的能量为5~10kJ/mol。一些互补氢键合成子结构如下所示。

本实验利用诺氟沙星分子结构中的C＝O，O—H基团中的氧原子和氮原子作氢键的受体，O—H基团中的氢原子和氟原子作氢键供体与柠檬酸中的C＝O与O—H基团形成氢键作用设计合成药物共晶超分子，分别在水和甲醇溶剂中利用溶剂蒸发合成共晶，反应条件温和且绿色环保。利用差示热（DSC）、热重分析法（TG）和X射线粉末衍射法（XRD）测试诺氟沙星和诺氟沙星—柠檬酸共晶的熔点、利用X射线粉末衍射检测比较诺氟沙星及其共晶的X射线衍射图谱是多晶态或粉末固态的晶体以及判断是否有共晶生成，利用差示热（DSC）检测是否有新的吸热峰以及共晶的熔点，利用热重分析法（TG）测试共晶的失水情况和分解情况。利用合成药物共晶，提高诺氟沙星的溶解性和生物利用度。

三、实验试剂与仪器

1. 实验所用试剂（表2-46）

表2-46 实验所用试剂

试剂名称	规格	生产厂家
甲醇	A.R.	天津市大茂化学试剂厂
蒸馏水		
诺氟沙星	$C_{16}H_{18}FN_3O_3$	天津市大茂化学试剂厂
柠檬酸	A.R.	天津市大茂化学试剂厂

2. 实验仪器及设备（表2-47）

表2-47 实验所用仪器

仪器	型号	生产厂家
电子天平	FA2004	上海方瑞仪器有限公司
数显智能控温磁力搅拌器	SZCL-4	巩义市予华仪器有限责任公司
X射线粉末衍射仪	D8Advance	德国布鲁克AXS有限公司
热重分析仪	TG4000	美国PerkinElmer仪器有限公司
差示扫描量热仪	DSC4000	美国PerkinElmer仪器有限公司

五、实验内容

1. 诺氟沙星—柠檬酸共晶制备的工艺流程

共晶制备的工艺流程如下所示：

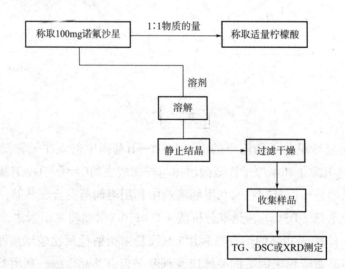

（1）诺氟沙星—柠檬酸共晶的制备。溶剂挥发法：称取200mg（0.62mmol）诺氟沙星药物和119mg（0.62mmol）柠檬酸置于100mL小烧杯中，加入30mL蒸馏水，在恒温磁力搅拌器

中搅拌并升温至80℃，持续搅拌1h，待全部溶解后趁热过滤，滤液在小烧杯上盖上滤纸放置2~3天，待析出晶体，过滤，置于60℃真空烘箱烘干，得到共晶。

（2）请参照附录中的例1和例2用差示热（DSC）、热重分析法（TG）和X射线粉末衍射法（XRD）对诺氟沙星和诺氟沙星—柠檬酸共晶的结构进行表征并对表征结果进行分析和讨论。

（3）差示热（DBC）、热重分析法（TG）和X射线粉末衍射法（XRD）测试诺氟沙星和诺氟沙星—柠檬酸共晶的结构并进行分析和讨论。

六、结果与讨论

（1）对比分析诺氟沙星和诺氟沙星与柠檬酸形成共晶XRD图吸收峰的差异，从而得出结论。

（2）对比分析诺氟沙星和诺氟沙星与柠檬酸形成共晶DSC图吸收峰的差异，从而得到诺氟沙星与柠檬酸形成共晶的熔点。

（3）对比分析诺氟沙星和诺氟沙星与柠檬酸形成共晶TGA图吸收峰的差异，分析共晶的失重情况。

参考文献

［1］吕扬，杜冠华.晶型药物［M.］2版.北京：人民卫生出版社，2019.

［2］SIVASHANKAR K，RANGANATHAN A，PEDIREDD V R et al.J.Mol.Struct.［J］.2001，559：41.

实验二十三 萘啶酸与丁烯二酸共晶的制备及性质测试综合设计实验

一、实验目的

（1）掌握萘啶酸与顺丁烯二酸（MA）、反丁烯二酸（FA）共晶制备原理和研磨方法制备共晶的实验方法。

（2）了解高能式球磨机在制备共晶中的作用和使用方法。

（3）掌握药物共晶设计的原理。

（4）掌握差示扫描量热法（DSC）、热重分析法（TG）和X射线粉末衍射法（XRD）仪器的原理和测试方法。

（5）掌握氢键在超分子组装过程中的作用。

二、实验原理

1. 萘啶酸简介

萘啶酸（nalidixie acid，NA），作为一种最早使用的喹诺酮类抗生素之一的药物，它能够有效地抑制革兰氏阳性菌和革兰氏阴性菌，如大肠埃希菌、克雷伯菌属、变形杆菌属、肠杆菌属等，主要用于治疗尿路感染，是美国食品药品监督管理局唯一批准用于儿科的喹诺酮药物。萘啶酸还可以和过渡金属生成具有抗菌活性的配合物，对大肠杆菌、金黄色葡萄球菌、鼠伤寒杆菌、肺炎克氏杆菌等菌类有很好的抑制效果，与铂（Ⅱ）生成顺位配合物，可以用作抗肿瘤药物。临床上被用于治疗的案例有肾盂肾炎。

萘啶酸学名为7-甲基-1-乙基-4-氧代-1，4-二氢-1，8-萘啶-3-羧酸，化学式为 $C_{12}H_{12}N_2O_3$，是弱酸性化合物，属于芳香类有机化合物。近年的研究发现，萘啶酸具有三种不同的晶型，与萘啶酸多晶粉末NA-Ⅰ和NA-Ⅱ两种晶型比较，NA-Ⅲ在室温下不能稳定存在。萘啶酸是一种浅黄色结晶粉末，几乎无臭，味微苦，溶于氯仿，微溶于醇、强碱溶液，几乎不溶于水和醚，其相对分子质量为232.24，熔点为227~229℃。其结构图如下所示。

萘啶酸

目前萘啶酸用于治疗敏感革兰阴性杆菌所致的尿路感染的动力学原理是经口服后在胃肠道迅速吸收，部分在肝脏代谢成为具抗菌活性的与萘啶酸相仿的羟化萘啶酸并且经肾脏快速排泄。

顺丁烯二酸（MA）和反丁烯二酸（FA）分子结构、萘啶酸与顺丁烯二酸和反丁烯二酸共晶中可能存在的氢键合成子结构如下所示。

顺丁烯二酸　　　　反丁烯二酸

氢键合成子

本实验利用萘啶酸分子以及顺丁烯二酸和反丁烯二酸结构中的C＝O，O—H基团中的氧原子和萘啶酸分子中的sp²杂化的N原子作氢键的受体，萘啶酸、顺丁烯二酸和反丁烯二酸中的O—H基团中的氢原子作氢键供体，利用O—H…O和O—H…N氢键作用设计合成药物共晶超分子，研磨法合成共晶，反应条件温和且绿色环保。利用差示热（DSC）、热重分析法（TG）和X射线粉末衍射法（XRD）测试萘啶酸以及萘啶酸—顺丁烯二酸和萘啶酸—反丁烯二酸共晶的熔点、利用X射线粉末衍射检测比较萘啶酸及其共晶的X射线衍射图谱是多晶态或粉末固态的晶体以及判断是否有共晶生成，利用差示热（DSC）检测是否有新的吸热峰以及共晶的熔点，利用热重分析法（TG）测试共晶的失水情况和分解情况。利用合成药物共晶，提高萘啶酸的溶解性和生物利用度。

2. 氢键的类型

在自组装过程中氢键是最有用的作用之一，由于氢键有定向作用和一定的强度在晶体工程中有广泛的应用，当需要比单个氢键的强度更强的氢键时，最简单的办法就是增加组成成分的氢键数目，可以获得双重氢键、三重氢键以及四重氢键，双重氢键又可分为自身互补（self-complementary）氢键或同数的（homomeric）氢键和互补氢键或不同数（heteromeric）氢键两种，图2-18是一些同数的（homomeric）氢键作用的一些例子，其中最著名的是羧酸二聚体。也有许多互补氢键或不同数（heteromeric）氢键作用在超分子合成中被利用（图2-19）。在晶体工程中，根据研究的目的及所需氢键的强度可设计合成三重氢键单元和四重氢键单元（图2-20）。增加互补度可以显著地增加选择性，但也导致了共价合成的挑战性。

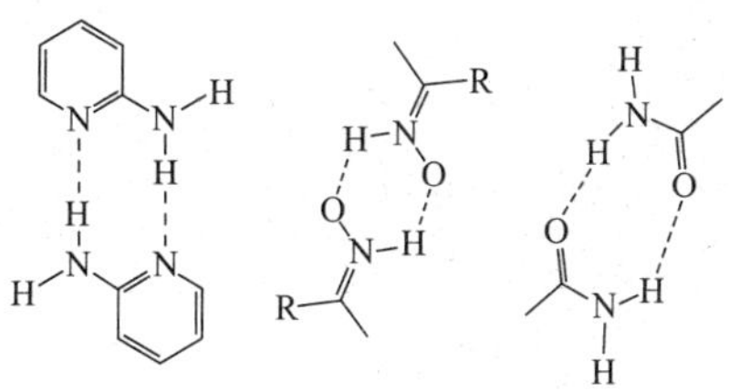

图2-18 一些自身互补氢键（同数的氢键）作用的例子

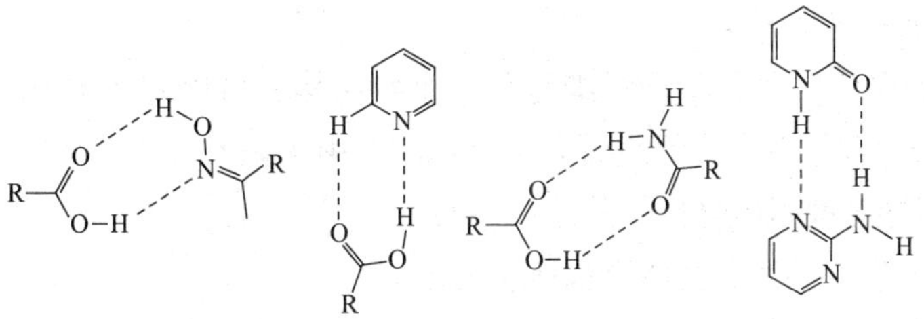

图2-19 一些互补氢键（不同数的氢键）作用的例子

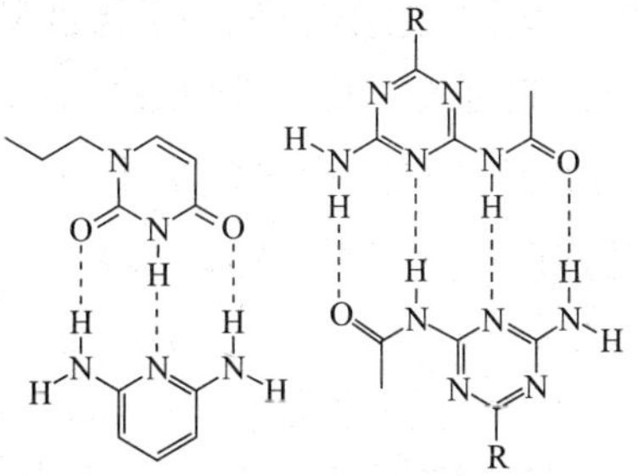

(a) 三重氢键　　(b) 四重氢键

图2-20 三重氢键和四重氢键的例子

3. 描述氢键的图形符号

Etter、Bernstein及合作者的一个重要贡献是根据图形理论引入了描述和分析三维固体氢键网络的语言。描述一个图形首先确定出现在结构中的不同种氢键的数目，然后定义供体和受体的键。一个图形也就是在重复单元中通过氢键连接的一组分子，用C（链）、R（环）、D（二聚体）、S（分子内氢键）等四个符号之一来表示。

在每个图形中的供体和受体的数目分别在下标和上标中表示，重复单元中的总原子数在括号中表示，如$G_d^a(n)$。使用图形符号的好处是不仅可以用在非键作用的几何约束方面而且能把注意力集中在图案上。一些氢键图形的图形符号表示如图2-21所示。

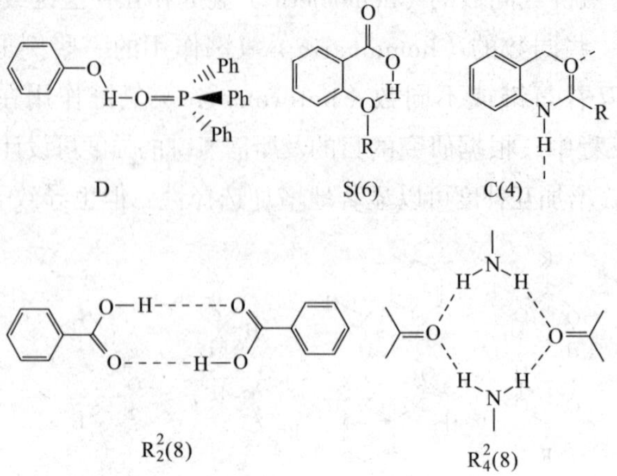

图2-21 一些氢键图形的图形符号表示

4. 共晶中氢键设计的策略

通过系统地研究数据库，不是详细地分析个别结构，可以有效地确定合成子之间的竞争和可靠性。Etter和合作者在广泛地研究了有机晶体中优先的氢键图案后，提出了下列经验"规则"，用以指导氢键固体材料的设计：

（1）所有好的质子供体和受体都包括在氢键中。

（2）六圆环的分子内氢键优先于分子间氢键。

（3）最好的质子供体和受体在形成分子内氢键后仍可以形成分子间氢键。

这些"规则"是在观察氢键图案与官能团之间的关系的基础上得出的，并且一般来说随着酸性的增加，质子供体的性能得到改善。从研究氢键的竞争得出的第二条规则表明：与由类似的供体形成的分子间的氢键相比，分子内氢键更难被打破。第三条规则可以从检查2-氨基嘧啶与丁二酸形成的共晶结构中得到解释（图2-22），在这个结构中最好的供体（酸质子）与最好的受体（环氮原子）配对。

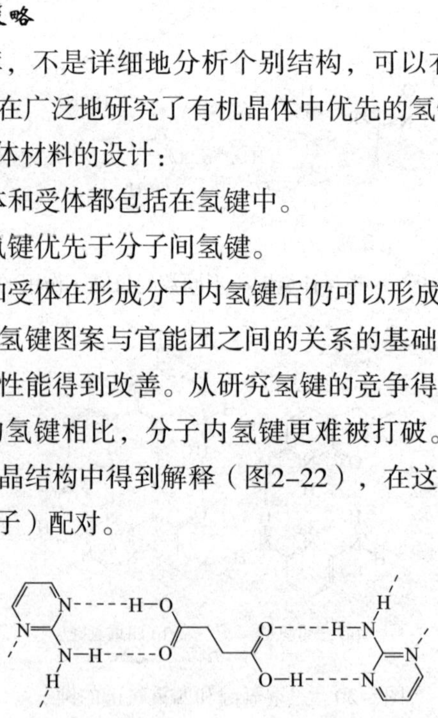

图2-22 在2-氨基嘧啶与丁二酸共晶中的主要氢键

三、研磨法

由于研磨法具有绿色环保以及操作简单的优势，因此被广泛使用。而研磨法可以根据有无溶剂的加入分为干法研磨和溶剂辅助研磨法两种。干法研磨是指将一定反应摩尔比的活性药物成分（API）和共晶形成物（CCF）进行混合，用球磨机研磨。溶剂辅助研磨法也称为湿法研磨，是指在干法研磨的基础上，添加一定量且合适的溶剂，再将溶剂和共晶组分一起研磨。一般来说，湿法研磨会更优于干法研磨，因为湿法研磨可以更快、更加有效地制备共晶固体。

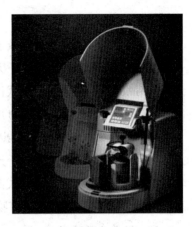

图2-23 德国飞驰（Fritsch）的行星式高能球磨机Pulverisette7

德国进口的行星式高能球磨机如图2-23所示，可以将实验室中的化学活性物质材料进行精细的研磨。最高转速可以达到800r/min，将样品研磨到分析级别细度只需4min就可以，工作效率高。研磨出来的样品均一性非常好，粒径分布呈正态分布，研磨出来的实验样品可以达到200~300nm的水平。本实验用湿研磨法。

四、实验试剂与仪器

1. 实验所用试剂（表2-48）

表2-48 实验所用试剂

药品名称	分子式	分子量	熔点/℃	生产厂家
萘啶酸	$C_{12}H_{12}N_2O_3$	232.24	227~229	国药集团化学试剂有限公司
顺丁烯二酸	$C_4H_4O_4$	116.07	134~138	国药集团化学试剂有限公司
反丁烯二酸	$C_4H_4O_4$	116.07	299~300	国药集团化学试剂有限公司

2. 实验仪器及设备（表2-49）

表2-49 实验仪器和设备

仪器	型号	生产厂家
电子天平	FA2004	上海方瑞仪器有限公司
远红外快速干燥器	WS70-1	绍兴市泸越科学实验仪器厂
X射线衍射仪	D8 Advance	德国布鲁克AXS有限公司
热重分析仪	TG 4000	美国Perkin Elmer仪器有限公司
差示扫描量热仪	DSC 4000	美国Perkin Elmer仪器有限公司
行星式高能球磨机	Pulverisette7	德国FIRTSCH公司

五、实验内容

1. 萘啶酸与顺-丁烯二酸共晶的制备

按照摩尔比1:1，用电子天平准确称取萘啶酸200.0mg（0.86mmol）和顺丁烯二酸48.6mg（0.86mmol）分别加入行星式高能球磨机，加1mL水研磨4min，得到产物，置于60℃真空烘箱烘干，得到共晶，收集产物并对产物进行测试表征。

2. 萘啶酸与反丁烯二酸共晶的制备

按照摩尔比1:1，用电子天平准确称取萘啶酸200.0mg（0.86mmol）和反丁烯二酸48.6mg（0.86mmol）分别加入行星式高能球磨机，加1mL水研磨4min，得到产物，置于60℃真空烘箱烘干，得到共晶物，收集产物并对产物进行测试表征。

3. 结果分析与讨论

请参照附录中的例1和例2用差示热（DSC）、热重分析法（TG）和X射线粉末衍射法（XRD）对萘啶酸与顺丁烯二酸、萘啶酸与反丁烯二酸共晶的结构并进行分析和讨论。

六、结果与讨论

（1）对比分析萘啶酸以及萘啶酸与顺丁烯二酸、反丁烯二酸形成共晶XRD图吸收峰的差异，从而得出结论。

（2）对比分析萘啶酸以及萘啶酸与顺丁烯二酸、反丁烯二酸形成共晶DSC图吸收峰的差异，从而得到萘啶酸与顺丁烯二酸形成形成共晶的熔点，萘啶酸与反丁烯二酸形成共晶的熔点。

（3）对比分析萘啶酸以及萘啶酸与顺丁烯二酸、反丁烯二酸形成共晶TGA图吸收峰的差异，分析共晶的失重情况。

参考文献

［1］肖田田，张卓勇，郭长彬，等.利用太赫兹光谱检测萘啶酸的同质多晶［J］.光谱学与光谱分析，2019，39（1）：50-55.

［2］吕扬，杜冠华.晶型药物［M］.2版.北京：人民卫生出版社，2019.

［3］仵泽鑫.共无定型替米沙坦的制备及溶解性质的研究［D］.青岛：山东大学，2017.

附　录

例1　奥美拉唑（OME）及其与尿素共晶结构的差示热（DSC）、奥美拉唑及其与草酸（OA）共晶结构的热重分析法（TG）和X射线粉末衍射法（XRD）表征及其结果分析和讨论。

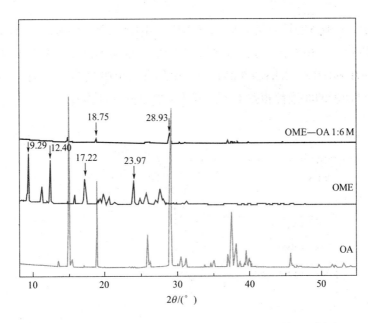

附图1　OME及OME与OA形成共晶OME—OA的XRD图

如附图1所示，与OME、OA相比，OME—OA共晶中的OME、OA特征吸收峰有一些消失了或者强度变弱了，且出现了新峰。OME的特征峰在9.29°、12.40°、17.22°、23.97°处消失了，而OA的特征峰也在14.98°、18.88°、29.14°、37.46°处消失了。OME—OA共晶在18.75°、28.93°处有新峰生成。表明在氢键O-H⋯O，N-H⋯O，O-H⋯N的作用下有OME—OA新物质共晶生成。

如附图2所示，OME及OA与共晶OME—OA的温度分解曲线与原料不同，说明共晶生成了新的物质。

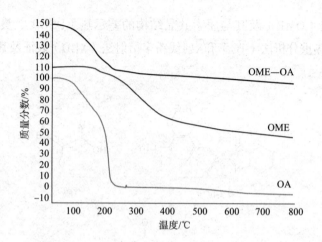

附图2　OME及OME与OA形成共晶OME—OA的TGA图

如附图3所示，UREA的熔点为139℃，OME—UREA共晶1∶4E、1∶5E、1∶6E的熔点分别为132℃、133℃、130℃，形成共晶后熔点降低，说明形成了三种共晶新物质。OME—UREA共晶1∶6E/P和OME—UREA共晶1∶6M/P都有两个吸热峰，分别为101℃和180℃、100℃和180℃，且两者的曲线都相差不大，可认为这是同一种物质。

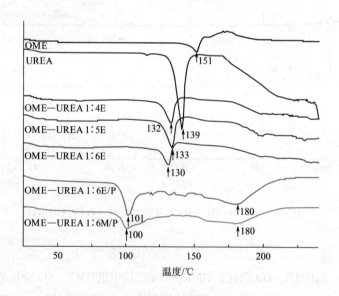

附图3　OME与UREA形成不同比例共晶的DSC图

例2　美托拉宗以及美托拉宗与柠檬酸共晶结构的差示热（DSC）、热重分析法（TG）和X射线粉末衍射法（XRD）表征及其结果分析和讨论。

柠檬酸（CA）和美托拉宗（MTLZ）的分子结构如下所示：

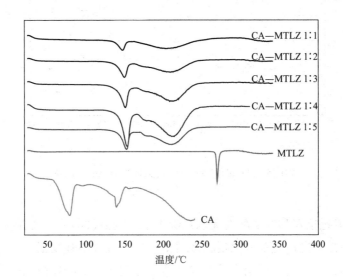

柠檬酸　　　　　　　　　　　美托拉宗

　　附图4是MTLZ和CA形成共晶MTLZ—CA的DSC图谱，由附图4及附表1所示美托拉宗的熔点为267.42℃，熔点较高。柠檬酸有两处吸收峰，其熔点分别为61.68℃和135.72℃，可能是一水柠檬酸先融化，而后无水柠檬酸再融化，所以才有两处吸收峰。五种共晶的DSC曲线都不相同，但皆有两处吸收峰，与美托拉宗和柠檬酸的DSC图也不一样。美托拉宗、柠檬酸和用乙醇溶液制备的美托拉宗—柠檬酸的五种共晶的熔点分布情况如附表1所示，共晶的熔点136.84~194.07℃含有两个吸热峰，可能是两种不同晶型的混合物，皆低于美托拉宗有新的共晶物质生成，形成共晶后提高了药物美托拉宗的溶解性和生物利用度。

附图4　MTLZ和CA形成共晶MTLZ–CA的DSC图谱

附表1　美托拉宗、柠檬酸及其共晶的熔点

晶体	MTLZ	CA	MTLZ—CA1：1	MTLZ—CA1：2	MTLZ—CA1：3	MTLZ—CA1：4	MTLZ—CA1：5
熔点1/℃	267.42	61.68	136.84	138.38	140.03	142.61	142.61
熔点2/℃	—	135.72	171.64	184.77	194.07	188.90	187.09

由附图5可知，美托拉宗、柠檬酸和美托拉宗—柠檬酸五种共晶的分解过程各不相同，它们的偏微商热重曲线也各不相同。美托拉宗和柠檬酸只有一次降解过程，而美托拉宗—柠檬酸五种共晶有两次降解过程，其中，MTLZ—CA1：1和MTLZ—CA1：2共晶分解的温度范围比美托拉宗和柠檬酸更大，分别为180~240℃和240~410℃，分别和柠檬酸、美托拉宗的分解温度范围比较吻合，这说明获得的有可能是美托拉宗与柠檬酸的共晶或混合物。而MTLZ—CA1：3、MTLZ—CA1：4和MTLZ—CA1：5的第二次降解过程不太明显，但也能看出与美托拉宗的分解过程不同，说明获得的有可能是美托拉宗与柠檬酸的共晶。共晶分解的温度范围比美托拉宗更大，最大分解温度小于美托拉宗，可能是两者的晶型有所差别而导致的，其稳定性也不如美托拉宗高。

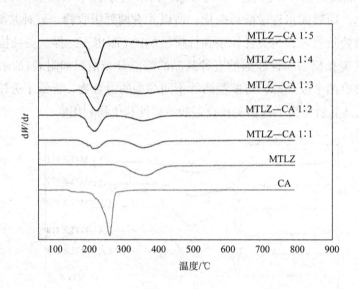

附图5　MTLZ和CA形成共晶MTLZ—CA的TGA图

附图6所示，美托拉宗和柠檬酸在无水乙醇中析出的五种晶体，美托拉宗在15°～25°出现四组较强峰，柠檬酸也在此范围出现较多组衍射峰，且峰值强度很大。美托拉宗—柠檬酸共晶的衍射峰大都又窄又尖，说明它的晶胞规整、晶型明确。美托拉宗—柠檬酸共晶与美托拉宗和柠檬酸的图谱并不完全相同，但强峰的位置基本一致，有一些峰消失了，也有一些新峰出现，说明可能生成与美托拉宗和柠檬酸不一样的晶型。美托拉宗和柠檬酸在15.2°左右出现的强峰，五种美托拉宗—柠檬酸共晶中都减弱甚至消失了，而按化学计量比为1：3、1：4、1：5制备的美托拉宗—柠檬酸共晶在14.1°左右提前产生了新的衍射峰。柠檬酸在22.3°和23.1°左右出现的两组最强峰，在五种美托拉宗—柠檬酸共晶中没有出现，美托拉宗在25.5°左右的衍射峰，在五种美托拉宗—柠檬酸共晶中也都消失了，除了1：1的美托拉宗—柠檬酸共晶没有在25.8°左右出现衍射峰，其余共晶都在此产生了峰，此峰的衍射角度与美托拉宗的较为接近。此外，美托拉宗在26°以后基本没有衍射峰，美托拉宗—柠檬酸共晶则出现较多尖细的小峰，与柠檬酸的谱图更为接近，但两者衍射峰的角度和强度并不吻合。

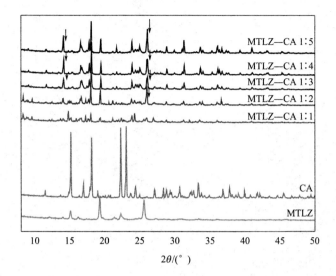

附图6　MTLZ和CA形成共晶MTLZ—CA的PXRD图谱